科普图书馆

了不起的动物世界

大洋洲奇迹

廖春敏　主编

上海科学普及出版社

图书在版编目（CIP）数据

大洋洲奇迹/廖春敏主编 . —上海：上海科学普及出版社，2014.9（2018.4 重印）

（了不起的动物世界）

ISBN 978-7-5427-6205-4

Ⅰ.①大… Ⅱ.①廖… Ⅲ.①单孔目—普及读物
Ⅳ.① Q959.81-49

中国版本图书馆 CIP 数据核字 (2014) 第 175426 号

策　　划　胡名正
责任编辑　郭子安
统　　筹　刘湘雯

了不起的动物世界

大洋洲奇迹

廖春敏　主编

上海科学普及出版社出版发行

（上海中山北路832号　邮政编码 200070）

http://www.pspsh.com

各地新华书店经销　　三河市恒彩印务有限公司印刷

开本 889mm×1194mm　1/16　印张 8　字数 160 000
2014年9月第1版　　2018年4月第2次印刷

ISBN 978-7-5427-6205-4　　　　　定价：23.80 元

前 言

FOREWORD

　　动物是自然界中的一个大类群，它们生活范围广泛，地球上所有的海洋、陆地，包括山地、沙漠、森林、草原、农田、水域以及两极在内的各种生境，都生活着形形色色的动物，它们是地球自然环境不可缺少的组成部分。这些生活在不同环境中的动物都有各自独特的外形、生活方式、生存优势，这是它们长期适应自然选择的结果。它们有的庞大，有的弱小；有的凶猛，有的和善；有的奔跑如飞，有的缓慢蠕动；有的翱翔天空，有的游弋水中……即使它们面对食物链中弱肉强食的残酷，也同样在自然界中演绎着各自独特的生命奇迹，每一个片段都是如此的精彩。

　　我们在千千万万种动物中，精心挑选出不同生境中具有代表性的动物，捕捉到这些精灵的每一个精彩瞬间，用生动的语言，讲述故事一般地把这些动物的基本特征、繁殖策略、奇异行为、独特本领、捕食妙招、有力武器等各种令人惊叹的非凡能力展现给每一位读者，让读者看到一个了不起的动物世界。

　　本丛书"了不起的动物世界"共分4册，本册《大洋洲奇迹》，讲述那些仅仅生活在大洋洲及周围岛屿中的奇特动物，它们是怎样经历几十万年的变迁和演变之后，单单在大洋洲及其周围岛屿上留存下来。这群生活在这一小块陆地的生物，都有着与众不同的生活习惯与独特技能，给人留下一个个可爱且令人惊叹的印象。大家所最熟悉的树袋熊（考拉），它们就爱坐在树上慢慢地吃着按常理并不适合用来作为食物的桉树叶，除了吃几乎一动不动，它们怎么就能靠这种看似毫无竞争力的生存方式一直留存下来呢？可爱的袋鼠，我们除了知道它们跳跃能力很强之外，还了解多少它们的生活习性呢？悉尼奥运会的吉祥物——针鼹，是个长得像刺猬的家伙，它们也有着非同一般的捕食技巧，而且也是有袋类动物的一种……通过本书，读者可以看到大洋洲大陆上那些独特动物们更多鲜为人知的"内幕"，让人惊叹，并将读者带入更深入的思索，以解答更多的疑问和谜团。

为了给读者创造更好的阅读享受，让读者更真实地体验到大洋洲动物生存的精彩画面，参与本书编撰出版的诸位老师：廖春敏、李坡、孙鹏、王玲玲、刘佳、陈晓东、李立飞、白海波等，在文字撰写、图片使用、版面设计上都倾注其所有心思，力求做到文字充满青春张力、图片新颖贴切、设计清丽明快。在此感谢以上各位老师为本书所做的各种工作！

最后，希望本书能够成为各位读者了解动物世界的良师益友。

编 者

目录 CONTENTS

袋狸 ································· 1
短短的脖子与尖尖的口鼻 ·········· 1
机会主义者与杂食者 ··············· 2
快速的繁殖者 ························ 3

袋貂与狐袋貂 ······················ 5
土生土长的澳大利亚"居民" ······ 5
一般与特殊 ··························· 6
食叶生活 ······························ 8
基于气味的信息传递方式 ········· 9
有益还是有害 ······················· 13

树袋熊 ······························ 14
大胃部,小脑袋 ····················· 14
回报率比较低的食物 ·············· 16
独居而又惯于定居 ················· 17

袋鼠与沙袋鼠 ····················· 18
跳跃的机制 ·························· 18

遍布澳大利亚 ······················· 22
从草类到块菌 ······················· 22
成群与独居 ·························· 22

针鼹 ································ 27
强劲的掘洞技术 ···················· 27

有刺的"食蚁兽"……………… 28
临时性"育儿袋"……………… 29

袋獾 …………………………… 31
塔斯马尼亚的恶魔……………… 31
吃腐肉的机会主义者…………… 32
集体患上可怕肿瘤……………… 33

蜜袋鼯 ………………………… 35
出色的滑翔家…………………… 35
喜群居不爱独居………………… 36

鸭嘴兽 ………………………… 38
游泳健将………………………… 38
对幼崽照顾得无微不至………… 39

澳洲野狗 ……………………… 41
祖先竟是外来宠物狗…………… 41
可怕的袭击伤人报告…………… 43

保护纯种野狗刻不容缓………… 44

澳洲内陆太攀蛇 ……………… 46
最毒毒蛇,一触即死…………… 46
闪电般的攻击与防御…………… 47

新西兰大蜥蜴 ………………… 49
做什么都要慢慢来……………… 49
大蜥蜴不是真正的蜥蜴………… 50
可能全部变为雄性……………… 51

澳洲伞蜥蜴 …………………… 53
虚张声势的动物………………… 53
精子数年不死…………………… 53

澳洲企鹅 ……………………… 55
漂亮的蓝色小企鹅……………… 55
会攀岩的峡湾企鹅……………… 57
爱大呼小叫的黄眼企鹅………… 59

鸸鹋 ············ 62
健步如飞的大鸟············ 62
寻觅新鲜食物············ 63
伟大的父爱············ 64
曾经惨遭屠杀············ 65

鹤鸵 ············ 66
头上长角的鸟············ 66
世界上最危险的鸟类············ 67

琴鸟 ············ 69
华丽张扬的尾············ 70
地表觅食者············ 71
领域性和独居性············ 71
森林管理带来的威胁············ 73

笑翠鸟 ············ 74
森林里的怪笑"女巫"············ 74
其实是捕蛇高手············ 75

极乐鸟 ············ 77
华丽的雄鸟············ 77
源于新几内亚岛············ 80
食物多样············ 80
终极炫耀············ 81
易危但未濒危············ 83

细尾鹩莺及其亲缘鸟 ············ 84
小巧玲珑、不出远门············ 84
生活在大家庭中············ 84

未来在公园和花园？············ 86

吸蜜鸟和澳鸥 ············ 87
巧舌如簧············ 87
见于西南太平洋············ 88
食蜜等级············ 88
群居地的"骚动"············ 90
岛屿种类面临威胁············ 91

园丁鸟 ············ 92
建筑大师············ 92
雨林居民············ 93
以森林果实为食············ 94

筑亭求偶……………………………… 95

几 维 ……………………………… 97
母鸡大小的地面穴居者 …………… 97
夜行昼寝 …………………………… 98
"国徽"岌岌可危 …………………… 98

啄羊鹦鹉 …………………………… 100
鹦鹉变成"羊杀手" ………………… 100
独特环境造就独特习性 …………… 101
已灭绝的诺幅克啄羊鹦鹉 ………… 102

红耳鸭和绿棉凫 …………………… 104
大嘴巴红耳鸭 ……………………… 104
绿棉凫——最小的鸭子 …………… 105

澳大利亚海龙 ……………………… 107
一等一伪装高手 …………………… 107
繁殖中的"角色颠倒" ……………… 108

水滴鱼 ……………………………… 110
模样奇怪为哪般 …………………… 110
成为连带受害者 …………………… 111

澳洲肺鱼 …………………………… 112
用肺呼吸的鱼 ……………………… 112
把卵产在淤泥中 …………………… 113
远古留下的瑰宝 …………………… 114

澳洲蜘蛛 …………………………… 117
红背蜘蛛"自食其类" ……………… 117
最毒蜘蛛王 ………………………… 119

袋狸

> 袋狸是跟老鼠相似的有袋动物，机敏灵活，长着长长的鼻子和尾巴。它们跟兔袋狸属动物（一个适应了干旱环境的比较小的群体）拥有同一个通名和同一个祖先。它们之间的区别不仅在于它们的长耳朵、比较长的四肢和更加丝滑的皮毛，更在于它们有挖地洞的习性。2种兔袋狸中，一种据认为现在已经灭绝，另一种也面临威胁。

袋狸因在有袋动物中具有很高的生育能力而出名（只有袋鼬科中的一种生育力超过了它），在这方面，它们跟有胎盘哺乳动物中的啮齿类相似。同样，它们的生命周期也以生产许多幼崽为中心（母兽却几乎不对后代进行照料）。另外，这些小型的食虫或杂食动物适合跟鼩鼱和刺猬相类似的生态环境。

● 短短的脖子与尖尖的口鼻

大多数的袋狸跟兔子一样大小或者比兔子小，长着短短的四肢、长而尖的口鼻部和短脖子。前足长有3个趾，趾上长有稍平而有力的爪，其育儿袋开口向后。这种模式最典型的要数最近灭绝的豚足袋狸。豚足袋狸发展出了更长的四肢和蹄子似的前足，以适应开阔平原上更加适合奔跑的生活。袋狸属的长鼻袋狸与其他的种类相比，具有更长的耳朵，但在所有种类里面耳朵最长的出现于兔袋狸属中。袋狸的牙齿比较小，形式相对一致，有尖利的齿尖。大多数的袋狸是杂食性的，觅食方式极具特点——在地上挖掘小的、圆锥形的坑洞以获得食物。

袋狸的后足具有并趾，形成一个刷毛用的梳子，还具有2颗以上的高度发达的下门齿，这些特征使它们与其他所有的有袋动物区分开来。其后端开口的育儿袋内通常有8个奶头。育

↗ 褐短鼻袋狸仅仅在位于澳大利亚北部的约克角半岛上有一个类别不明确的种群，与大尾短鼻袋狸发生分布重叠。

知识档案

袋狸

目 袋狸目
科 袋狸科与兔耳袋狸科
现存7属18种。

分布 澳大利亚、新几内亚岛。
栖息地 澳大利亚及新几内亚岛所有主要的栖息地，从沙漠到雨林，包括半城市化地带。
体型 体长从鼩袋狸的17~26.5厘米到巨袋狸的50~60厘米不等；尾长从前者的11~12厘米到后者的15~20厘米不等；体重从前者的140~185克到后者的4.8千克不等。其他的种类都在两者之间，较大种类的雄性可能比雌性最多重60%。
皮毛 大多数袋狸皮毛短而粗糙（有些新几内亚岛种类的皮毛僵直而又多刺）。
食性 以昆虫、无脊椎动物、鳞茎、根茎、块茎为食。
繁殖 长鼻袋狸、塔岛袋狸以及大尾短鼻袋狸怀孕期是12.5天，兔袋狸怀孕期为14天。
寿命 塔岛袋狸大约是2~3年，大尾短鼻袋狸稍长。

儿袋在幼崽长大的过程中顺着腹部向前延伸，最终占据母袋狸下腹的大部分，然后在幼崽离开之后重又收缩变小。它们每胎通常产2~3只幼崽。

袋狸的嗅觉高度发达。这些动物在夜间活动，它们的眼睛适应夜间视物，尽管很有可能因为它们的长鼻子挡住了视线，从而使两眼并用的视觉能力受到限制。长鼻袋狸在晚上如果受到惊动，会发出一种尖锐短促的警报性叫声；人们有时也能听到袋狸大声地打喷嚏，这大概是为了清除鼻子中的泥土。它们极少（如果有的话）大声地发出叫声，但有一些种类会用露在外面的牙齿咝咝地发出低低的"咆哮"声。

兔袋狸属动物具有长长的耳朵、长而狭的嘴，以及长长的四肢；其他的区别性特征包括长有双耳室的高度发达的耳泡，长而丝滑的皮毛，以及长长的球状尾巴。作为唯一一类挖洞的袋狸，它们是早期就从袋狸进化主支（现在早已高度适应了干旱地区）分离出来的一个分支。其种与种群主要通过体型大小、皮毛、尾色以及耳泡方面的不同——白尾兔袋狸的耳泡比较大，据认为现在已经灭绝——来进行辨别。

对兔耳袋狸科的几个种，我们了解很少。我们倾向于认为它们是体型小、短耳、林栖的袋狸，其颅骨比袋狸科的其他动物更圆，对刺袋狸属及长黑吻袋狸而言，口鼻部则长而窄，耳泡小；刺袋狸属动物尾巴较短。

● 机会主义者与杂食者

尽管袋狸的牙齿专门适于捕食无脊椎动物，但是其食物种类是多种多样的，包括昆虫、其他无脊椎动物、果类、草本植物的种子、地下真菌类，偶尔也吃植物纤维。它们通过气味确定地面的食物，然后用强壮有力的前爪把食物挖掘出来。其口鼻部延长，大概是为伸进洞里探寻食物的。

大尾短鼻袋狸有一个独特的寻食模式，即在其整个领地范围内慢慢地移动，这是为了发现那些小的、分散出现的食物（这些食物并不以集中的方式出现在某些区域）。塔岛袋狸集中在土壤湿度与植被多样性程度比较高的几个区域，在那里食物既丰足又容易挖掘。

● **快速的繁殖者**

大多数种类的袋狸都是独居的，它们走到一起只是为了交配，有3种好像甚至在母袋狸与幼崽之间也没有长久持续的联系。雄性通常比雌性体型要大，并在社会中居于支配地位。势均力敌的雄性要想获得支配权，就要通过追逐或者打斗（通过打斗较为罕见）来确定，在打斗中雄性采取后肢站立、互相靠近的姿态。

雄性的活动范围比雌性大，它们每晚都会在其活动范围的大部分区域巡逻，很有可能是为侦知其他的雄性或者能受孕的雌性。在雄性占多数的种群里，许多雄性可能会跟一只雌性进行多次的交配。

人工养殖的大尾短鼻袋狸对窝巢表现出强烈的兴趣，这些窝巢由一堆一堆的耙在一起的地面杂物组成（其内部形成一个室腔），占统治地位的雄性一般会把其他雄性驱逐出去。这样看来，窝巢对野生状态下的大尾短鼻袋狸来讲，有可能是社会互动中一个意义重大的焦点。塔岛袋狸会建造几种类型的窝巢，其中最复杂的一种是具有线纹和"屋顶"的洞穴，由雌性在产崽时使用。很多种袋狸在耳后具有气味腺体，对大尾短鼻袋狸而言，当雄性之间不友好地遭遇时，它们会使用腺体给地面或者植被做标记。袋狸的高生育率意味着它们能够在火

↗ 图中的母兔袋狸正在给其幼崽哺乳。这是一个沙漠种类，现在其栖息地已大为减少。栖息地丧失及被其他动物捕猎已经严重地减少了其数量。

灾或者干旱之后快速地开辟新的栖息地，从火灾或者干旱中恢复过来。

澳大利亚袋狸繁殖方面的生物学特性，在某种程度上已经得到了详细的研究，并且由大尾短鼻袋狸做出了很好的例证说明。幼崽在母腹中仅孕育12.5天，还不到大多数其他有袋动物孕期的一半，这几乎是所有哺乳动物中孕期最短的了。胚胎的发育通过绒毛膜尿囊式胎盘构造辅助进行，这在有袋动物中是独有的，这样袋狸就跟真兽下纲哺乳动物相似。

幼崽生下来时长约1厘米，重约0.2克，长有发育良好的前肢。新生幼崽会爬到育儿袋中，并在育儿袋内附着在一个乳头上。幼崽在出生49～50天之后离开育儿袋，并在这之后大约10天内断奶。如果情况良好，性成熟期可能在出生大约90天时到来，尽管一般情况下要比这个时间晚得多。雌性在一年中会多次发情，在气候适合的情况下，终年都可繁殖；在其他情况下，它们进行季节性繁殖。

繁殖周期是区分袋狸的最重要的特征之一，不一样的周期使它们与其他有袋动物区分开来。它们特别发展出了高生殖率和较少照顾自己后代的特性。对大多数袋狸而言，这是通过加速妊娠，加快幼崽在育儿袋中的发育，提早性成熟期，以及在一年中多次发情的雌性能够进行快速连续地产崽来实现的。雌性塔岛袋狸在出生后可能不用长到4个月就可以达到性成熟，如果天气情况正常，那么它们就能在接下来最长可达3年的时间里通年进行繁殖。

图中的塔岛袋狸在澳大利亚大陆基本上已经灭绝，只残存下很小的一个种群。

袋貂与狐袋貂

栖息在偏远而人口稀少的内地，也栖息在澳大利亚大多数城市的郊区，狐袋貂很有可能是所有澳大利亚哺乳动物中人们最常遇到的一种，也是袋貂中被研究得最为充分的一种。但是袋貂科现存的19种中的大部分相对而言还未为科学界所知，这或者是因为它们神秘地隐藏于茂密的雨林中，或者是因为它们的分布地狭小。例如，对生活在新几内亚岛中部高地的泰族袋貂，我们仅仅能够从博物馆中的5个标本了解到一些相关知识。

袋貂科动物总体而言是夜间活动的，最显著的例外是生活在印尼苏拉威西岛的熊形树袋貂，这是唯一一种长有圆形瞳孔的袋貂，可能是对日间活动的生活作出的适应。这些动物通常是树栖的，即使是习惯于白天栖息在地洞里的裸耳袋貂和鳞尾袋貂夜间也是在树上活动。袋貂科动物是小心谨慎的攀援者，不习惯进行大步的飞跃。它们进行了很多适应性改变以帮助生存，其中包括弯曲而又尖利的前爪甲以及长有数量不定的裸露肤块而适于抓住树枝的尾巴。袋貂属动物拥有发育良好、前端开口的育儿袋。

● 土生土长的澳大利亚"居民"

袋貂科动物起源于澳大利亚大陆的雨林中。现代多个属——狐袋貂属、鳞尾袋貂属和粗毛袋貂属——的最早化石在澳大利亚北部中新世的岩层里得到了发现，那些化石距现在大约2000万年。狐袋貂属和粗毛袋貂属还在澳大利亚南部距今大约500万年前的上新世地层得到发现。熊形树袋貂属、袋貂属与花斑袋貂属没有在澳大利亚的化石记录中出现，有可能起源于新几内亚岛，可能是在中新世或者更早的某个时期从接近熊形树袋貂属的古袋貂科主支分化出来的，那个时候新几内亚岛跟澳大利亚连在一起。

袋貂科各属中的大多数由1～4个种组成，唯一的例外是袋貂属本身，种数达10种之多。袋貂属扩散繁殖的刺激因素是种群在地理上的隔绝孤立，要么是在岛屿上，要么是在新几内亚岛古老的山区，在那里它是唯一栖息在1200米以上高度的属。粗毛袋貂属现在在澳大利亚已经灭绝，其生活区域已被其他2个袋貂属物种取代了，即南部袋貂和花斑袋貂。这2属物种在新几内亚岛都是普通的低地种,在晚于200万年以前的更新世通过连接这两个陆块的陆桥进入澳大利亚。

● 一般与特殊

狐袋貂在所有的袋貂科动物中分布最为广泛,出现在澳大利亚从雨林到半干旱地区的大多数栖息地,有4个亚种在最近得到确认。在气候温和的塔斯马尼亚,狐袋貂具有厚厚的皮毛和浓密的尾巴,体重最高可达4.5千克,但是随着向热带雨林的转移,体型出现了一个持续减小的倾向,横跨澳大利亚北部之后,仅重1.8千克,长有薄薄的皮毛,尾巴上毛发很少。占统治地位的颜色是淡灰色,但是在更湿润的栖息地,更深的颜色是比较普遍的,在塔斯马尼亚是黑色,在昆士兰的东北部是暗红色。狐袋貂的同属物种山狐袋貂,在地理分布上更加集中,没有亚种形成。这种动物占据澳大利亚东南部茂密而湿润的森林,而狐袋貂通常不会栖息在这些地方。

袋貂属动物是雨林栖息者,诸种常常局限于一定的地理范围,要么局限在岛屿上,要么局限在山区的高地上。分布最广泛的是花斑袋貂,在整个新几内亚岛海拔低于1200米的广大雨林栖息地都有它们的身影;此外它们还生活在许多岛屿上,也生活在澳大利亚大陆的东北端,并靠近人类聚居的多个大的中心地带。

花斑袋貂4个地理上隔绝孤立的亚种最近得到了确认,它们在颜色与

↗ 狐袋貂与袋貂数种:1.灰袋貂,生活在新几内亚岛;2.花斑袋貂;3.鳞尾袋貂,仅仅自1917年被发现;4.狐袋貂。

体型大小上表现出明显的不同。花斑袋貂因其雄性与雌性之间具有清楚明显的二态性而引人注意：雄性乳白色的皮毛上有大而不规则的巧克力褐色的斑点，而雌性却没有这样的斑点，而有1个亚种的雌性是纯白色的。这个属的另外2个成员——卡木尔袋貂和黑斑袋貂，是除花斑袋貂之外唯一具有颜色二态性的袋貂属动物。

鳞尾袋貂属栖息在澳大利亚西北部偏远的金伯利地区，那里是有桉树林和小块雨林的相当崎岖且多岩石的地区。它们尾巴的最后2/3是光秃秃的，适于抓住树枝；而它们前足与后足的顶端长有大大的肉垫以适应其岩石间的生活。

新几内亚岛主岛上的袋貂属的9个种类中，某些种类的地理分布发生了交叠，但是其他的种类却是或多或少具有排他性的异域种，它们在高海拔区域繁衍生息。这些排他性的种类全部属于袋貂属，在体型（2.4～3.5千克）与栖息地上非常相似，很明显不能在一起共同生存。举例来说，细毛灰袋貂仅仅局限在1200～1500米的狭窄高海拔地带上是为了避免与南部袋貂和灰袋貂竞争，因为后两种主要生活在低于1200米的地带；高山袋貂和丝光袋貂则生活在海拔1400米以上的高山地区，不过在这两个高地种类都不栖息的许多区域内，细毛灰袋貂曾经在最高海拔可达2200米的高处被人发现过。

在两种袋貂确实发生交叠的地方，通常其体型与习性会有所不同。袋貂属的裸耳袋貂在所有袋貂中分布的海拔范围最为广泛，在从海平面到2700米的海拔高度上都有发现，因为它们与同属袋貂相比，体重比较大（4.8千克），树栖性比较弱，并且食果性比较强。

知识档案

袋貂与狐袋貂
目 袋鼠目
科 袋貂科
6属，20种。

分布 澳大利亚、新几内亚岛以及毗连的群岛——西到印尼苏拉威西岛，东到所罗门群岛。狐袋貂被引进到新西兰；袋貂属和花斑袋貂属袋貂被引进到近新几内亚岛的许多毗连岛屿上。

栖息地 所有类型的森林与林地：雨林，苔藓林，红树林，热带以及温带的桉树林和林地，干旱林地与高山林地。

体型 体长从34厘米（赤岛袋貂）到61厘米（熊形树袋貂）不等，尾长从34厘米（赤岛袋貂）到58厘米（熊形树袋貂）不等，体重从0.9千克（赤岛袋貂）到10千克（熊形树袋貂）不等。其他种类各数据在两者之间。

皮毛 因种类不同而各异。

食性 吃叶类、花、果类、种子、根茎、昆虫，偶尔吃小型的脊椎动物、鸟卵。

繁殖 狐袋貂属的怀孕期为16~17天。

寿命 最长可达13年（人工圈养的情况下可达17年或以上）。

花斑袋貂属的2个种——花斑袋貂（6.0千克）与黑斑袋貂（6.6千克）——都发现于新几内亚岛的主岛上，比袋貂属的成员要重。它们局限于海拔低于1200米的地区，与裸耳袋貂和袋貂属中的任意一种共同栖息在一起。花斑袋貂属的两个种类有的时候可能在同一个地区出现，但黑斑袋貂一般仅仅栖息在森林中，而花斑袋貂则生活在包括次生林在内的范围广泛得多的栖息地内。

● **食叶生活**

大多数的种类都不是专门食叶的，它们相对一般化的齿系使它们能吃范围广泛的食物，包括果实或者花，偶尔还吃无脊椎动物、蛋，或者小型的脊椎动物。狐袋貂的食性能反映其广泛的地理分布，在有些地区，桉树叶占其食物总量的比例最高可达95%，但通常情况下是不同树种的叶子混合起来吃。在热带林地，库克敦铁木的树叶占其食物总量的比例有可能最高达到53%，但是这种树叶含有很高的毒性，能够造成牛等家畜中毒死亡。在适合吃草的栖息地，草类在其食物比例中最高可达60%，而在乡下的花园里，它们养成了嗜食玫瑰芽的不受人欢迎的习惯。狐袋貂属的动物依靠后肠中微生物的活动从其食物中吸收营养，而其大大

↗ 一只白色样式的花斑袋貂正在吃花。它主要栖息在雨林中，夜晚活动，树栖。花斑袋貂的食物主要包括树叶、果类和花。

引入新西兰的狐袋貂

当第一批澳大利亚的狐袋貂在1840年左右被引进到新西兰的时候，人们寄希望于它们能够成为获利丰厚的毛皮业的基础。这项投机显然取得了成功。对狐袋貂的继续输入一直持续到1924年，当地对驯养野生狐袋貂还实行免税政策。得益于这些，狐袋貂的数量有了巨大的增长，于是出售狐袋貂皮成为当地一项重要的税收来源。

但是这种有袋"入侵"者对人们的"恩惠"还掺杂了其他的东西。在带来了牛型结核病的同时，也有证据显示，这种动物对当地的植被也造成了微妙而又潜在的破坏。新西兰的森林树种是在没有食叶哺乳动物的情况下进化的，它们不像澳大利亚桉树那样能够产生有毒的油质物和苯酚，大部分树种的叶子既可口又对啃食者缺乏防卫性措施。当第一批狐袋貂被引进到与澳大利亚不一样的森林中时，这些动物很快开始对这种新的食物进行大肆啃食，其种群密度上升到最高可达每平方千米5000只——要比在澳大利亚的狐袋貂的种群密度高大约25倍。到了密度稳定在每平方千米600～1000只的时候，很多种树，如新西兰倒挂金钟，在很多地区几乎都要消失了，而狐袋貂们又开始把它们的注意力转向它们不太喜爱的树种。

狐袋貂通过聚集在单棵树上进行集中啃食，而加速了树木的死亡，甚至使树木的叶子几乎完全被吃光。很明显，这些通常独居的动物在食物丰足的时候抛弃了它们的"社会禁忌"，与其澳大利亚的"亲戚"形成对照的是，新西兰狐袋貂占据的巢区范围很小（0.01～0.02平方千米），而且巢区之间有着广泛的重叠。

狐袋貂造成的破坏还没有最终结论。因为被残害的树种在现在好像对狐袋貂不再是美味可口的了，而且狐袋貂给树叶味道不好的树木提供了自然选择上的好处，这样将会不十分明显，但是肯定改变了森林的结构。

的盲肠与接近中央的结肠使食物能够残留相对更长的时间。有些袋貂的结肠表现出微粒分类的迹象，这表明它们与狐袋貂属动物相比具有更加专门化的食叶天性。

裸耳袋貂是食果性最强的袋貂科动物，通过对被捕获的这种动物的研究发现，果类占其食物总量的比例最高可达90%。它那可高度扩张的胃、高度发达的幽门括约肌，以及长长的小肠，都与延长食物通过前肠的过程相一致，这使得其大量果类食物中的脂质易于消化。新几内亚岛的当地人甚至曾经报告说，他们看见雌性的裸耳袋貂用它们的育儿袋向其巢穴运送果类。

● 基于气味的信息传递方式

一般而言，袋貂科动物是独居的，但是它们有一个主要是基于嗅觉交流的、组织良好的空间系统。狐袋貂积极地运用4种气味腺进行沟通。雄性（雌性在比较小程度上也使用）会把从嘴中及胸腺得来的分泌物擦到树枝上（特别是巢穴所在的树上），并

↗ 一只狐袋貂正把幼崽驮在背上。幼崽在大约5个月大之后离开育儿袋，断奶则在接下来的一两个月之内，在分散的过程中会有大量的幼崽死掉。在澳大利亚，狐袋貂长期以来因其皮毛而被人捕猎，并且它们专门被引进到新西兰也是为了此目的。

可能被其用做示好的信号。处于发情期的雌性会从其泄殖腔产生大量的凝胶状的分泌物，这些分泌物涂抹到树枝上，可能是在宣告它们已经做好交配的准备了。

对袋貂属以及鳞尾袋貂属而言，我们对其气味标记的机制知之甚少，但是其胸骨腺与侧唇基腺一般来讲都是存在的，雄性花斑袋貂会把从其侧唇基腺分泌出的分泌物涂抹到树枝上。当处于受压制状态的时候，花斑袋貂会在它面部的裸露皮肤上分泌出一种红褐色的物质，并把它主要集中在眼睛周围。

狐袋貂属是有袋动物中最能发声的一类，它们的很多叫声能被最远可达300米外的人听到。它们大约有7种基本的叫声：口腔喀哒声，竞争性的低沉的喉鸣声，咝咝声，大声的尖叫声，警告性的嘀啾声，很柔和的抚慰声（雄性），以及幼崽联系母袋貂的叫声。推测起来，大概是一个软骨性的喉部共鸣腔——大约有豌豆般大小并为这一属所独有——提高了其发音本领。袋貂属与鳞尾袋貂属并没有因其发声本领而出名，尽管有报告说，人们曾经听到过它们发出的口腔喀哒声、咝咝声、低沉的喉鸣声以及尖叫声，而雌性的花斑袋貂在其发情期还能像驴子那样发出一种高而刺耳的叫声。

狐袋貂除了在繁殖期以及抚养

把蜿蜒曲折的尿痕（包含来自一对侧唇基腺的细胞）留到树枝上，这些标记能够向其他个体传递"主人"的存在与身份地位。当一只袋貂处于被压制状态时，会从其第二对侧唇基腺产生出一种黏性的、刺鼻的分泌物，这幼崽的时候，一般都是独居的。在它们出生后第三个或者第四个年头的末尾，个体会在其巢区范围里以一两棵巢居树为中心建立起小范围的独占区域，它们对同性、同社会地位的个体采取敌对态度以保卫这个独占区域，但可以容忍异性个体及社会地位比较低的个体的存在。尽管雄性的巢区有3~8公顷，而雌性的有1~5公顷，但是可能完全重合。每个个体几乎一直都是独自筑巢，明显的相互作用是极少的。在一些热带种群里，好像没有领地排外的意识，因为土著居民中的猎人可能会从同一棵空树里面逮走最多达6只狐袋貂。

雌性对要靠近的雄性通常采取1米远的防守距离。在求爱期间，雄性会不断地接近雌性，发出柔和的示好声（与那些幼崽相似）以平息雌性的敌意。当处于发情期时，如果雌性尚缺少雄性配偶，就可能会有几只雄性聚集在它的周围，交配与明显的竞争性行为相伴随。交配完成之后，雄性对这只雌性将不再有任何兴趣，也不参与对幼崽的抚养。

袋貂保卫巢居树的现象表明，合适的筑巢地点处于短缺状态。因为只有极少的后代（仅仅是15%）在断奶之前死去，每年都有相对较大数量的年轻独立个体进入种群。这些年轻个

↗ 丝光袋貂在新几内亚岛中部与东部的山脉中能够见到，它们一般栖息在海拔高于1400米的热带森林中。它们体重大，有一条有力的、适于盘卷的尾巴，可以帮助它们待在树上。如图中所示，其尾巴的末端部分没有毛，上面覆盖着鳞状物。它们的食物有昆虫、鸟卵以及小型的脊椎动物，但是食物的主体由叶类及果类组成的。

体使用小而质劣的巢穴，会有最高达80%的年轻雄性和50%的年轻雌性在它们出生后的第一个年头死去。

雌性在1岁大的时候开始繁殖，怀孕期为16～18天，每胎产下1～2只幼崽，以后每年都会繁殖。在澳大利亚温带和亚热带的种群里，90%的雌性在秋季（3～5月）繁殖，但是有最高可达50%的雌性可能在春天繁殖（9～11月）。在季节性比较弱的热带雨林里，繁殖似乎是持续的，没有出生的季节性高峰。每次每胎只产下1只幼崽，雌性的平均生育率是每年1.4只。种群密度在各个栖息地不同，从开阔森林与林地的每平方千米40只到乡村花园的每平方千米140只，再到开阔森林内的每平方千米210只。

与其更加稳定的栖息地相联系，山狐袋貂有一个不同的社会策略。雄性与雌性似乎建立了长期的配对关系，远非独居。对山狐袋貂而言，幼崽在断奶前的死亡率是最高的（56%），但每年仍有大约80%的个体在独立之后存活下来。雌性在2～3岁的时候开始繁殖，在每年的秋季最多只产下1崽，而每年所生产的幼崽平均个数低到0.73只。幼崽在8个月大时断奶——与狐袋貂的6个月不同——并在18～36个月（狐袋貂是7～8个月）时分散开去。种群密度是每平方千米

↗ 一只山狐袋貂正在吃桉树的花。这种狐袋貂既是夜间活动的也是树栖的，在树的空洞中筑巢；其食物的主要部分是树叶、花以及嫩芽。

40~180只。

鳞尾袋貂每胎只生1只幼崽,其社会策略与狐袋貂的相接近。我们对袋貂属的配对关系知之甚少,但是对裸耳袋貂而言,雄性会追随有优先交配权的雌性,尝试着用力嗅雌性的头、腰部及泄殖腔;雄性可能还会发出柔和而又短促的喀哒声。雌性在发情期间扮演主动积极角色的唯一一种袋貂科动物是花斑袋貂,在长达28天的时间里,雌性会整晚地叫唤,而这种叫声可以使雄性兴奋起来。

大多数的袋貂属动物每胎只生1只幼崽,例外的是南部袋貂与灰袋貂,它们一般每次生2只幼崽。长期的配对结合关系可能只发生在熊形树袋貂(它在袋貂科动物中是体型最大、昼间活动性最强的)身上。它们以利用白天睡觉的栖木来清楚地观察邻近对手而著名,由此可推断雄性的花斑袋貂可能通过视力来确定领地。

● 有益还是有害

在山区,山狐袋貂对维多利亚和新南威尔士州的松树栽培造成了破坏;在昆士兰州,它们频繁地对香蕉和山核桃的收成造成影响;在塔斯马尼亚,据说它们对次生的桉树林造成了破坏。

另一个严重的问题是,狐袋貂可能感染牛型结核病,这个发现导致人们担心狐袋貂可能对牛造成再传染。尽管目前已经广泛建立起了一项耗费巨大的毒杀计划,感染了病毒的狐袋貂数量还是保持着稳定的增长。

另一方面,狐袋貂长久以来又一直因其优质皮毛而被珍视。其中生活在塔斯马尼亚的种类具有浓密华丽的皮毛,尤其得到人们的青睐,在1923~1959年间有超过100万张皮出口。狐袋貂在新西兰的出口也增长迅速,但是,在澳大利亚东部,对狐袋貂的最后一个捕猎开放期截止到1963年。在塔斯马尼亚的农业区域内,狐袋貂仍然是遭受控制的目标。尽管狐袋貂被认为是没有生存危机的,但有一个令人担忧的倾向,就是遍及澳大利亚北部和内陆的桉树林地的许多种群都消失掉了。

袋貂属动物长久以来一直因其皮毛和肉而为猎人所猎杀,现在有4种袋貂属动物(其活动范围与栖息地有限)因过度猎杀或栖息地遭到破坏而处于受威胁的状态。黑斑袋貂因把身体暴露着在树枝上睡觉,尤其容易遭到枪杀;对其他3种——泰族袋貂、细毛灰袋貂、宽纹袋貂——而言,栖息地遭到破坏是主要的威胁。其他许多袋貂的生存状况并不为人知,但是如果没有保护措施,这些易受影响的大陆种类和大量的岛屿种类的继续生存将会面临严峻的威胁。

树袋熊

现在树袋熊是澳大利亚的标志性动物,也是世界上最具有超凡魅力的哺乳动物之一,但情况并非一直这样。早期的欧洲定居者认为它们懒惰,并为了获取它们的皮毛而大量猎杀它们。这种动物的生存面临的更严重的威胁来自于人们对森林的清除,大规模的森林大火,以及引进的动物性疾病(特别是家畜所带来的衣原体疾病)。

对树袋熊的威胁在1924年达到了高峰,当年有200多万张树袋熊皮出口。在那之前,这种动物在澳大利亚南部已经灭绝,并在很大程度上从维多利亚和新南威尔士州消失掉了。公众开始为它们大声疾呼,政府也颁布了狩猎禁令,加强了管理,这种衰减的趋势才得到了逆转。现在树袋熊再一次在其偏爱的栖息地变得相当常见。

● **大胃部,小脑袋**

桉树属的树木在澳大利亚广为分布,而树袋熊正是与其紧密联系在一起的——它们几乎终生都在桉树上度过。其白天的许多时间都用来睡觉,只有不到10%的时间用来觅食,而其他的时间主要花在静坐上。

树袋熊对这种相对不活跃的树栖生活作了大量的适应。由于它们既不使用巢穴也不使用遮盖物,所以它们那无尾而似熊的身体覆盖着一层密

牢牢地"楔"入一个树杈,一只树袋熊正沉浸在这种动物最喜欢的"娱乐"即睡觉中。这种动物的80%的时间是在睡眠状态中度过的,而它们醒着的时间又有很大一部分是在休息中度过的。它们不活跃的生活习性是与其几乎完全由桉树叶构成的低能量的饮食联系在一起的——这些树叶缺乏包括氮和磷在内的基本的营养物质。

密的毛发，能起到良好的隔绝作用。树袋熊大多数的脚趾上都长有极为内弯的、针一般锐利的趾甲，这使它们成为极高超的攀缘者，能够轻松地登上树皮最光滑、最高大的桉树。爬树的时候，它们用爪抓住树干的表面，并用其有力的前臂向上移动，同时以跳跃的动作带动后肢向上。树袋熊前爪的钳状结构（第一趾、第二趾与其他三个趾位置相对），使得它们能够紧握住比较小的枝条并爬到外层树冠上。它们在地面上的敏捷度比较差，经常以四只脚缓慢行走的方式在树木之间移动。

树袋熊的牙齿适合处理桉树叶。它们用臼齿——在每个颌上已经缩减为1颗前臼齿和4颗宽而高齿尖的臼齿——把树叶咀嚼成很细的糊状，然后这些东西会在盲肠里进行微生物发酵。相对于其体型而言，树袋熊的盲肠在所有哺乳动物里面是最长的，长达1.8～2.5米，3倍于它的身体长度甚至更长。

树袋熊有比较小的脑，这可能也是对其低能量食物的一种适应。脑是高耗能的器官，会不成比例地消耗掉身体全部能量预算的很大一部分。树袋熊的相对脑量几乎是所发现的有袋动物中最小的。分布在南部的树袋熊脑的平均重量（平均体重为9.6千克）只有约17克，只占体重的0.2%。

知识档案

树袋熊
目 袋鼠目
科 树袋熊科
只有1属1种。

分布 澳大利亚东部南纬17°以南的不相连地区。

栖息地 桉树森林和林地。

体型 雄性体长78厘米，雌性72厘米；雄性体重11.8千克，雌性7.9千克。分布于南部的体型明显比较小，雄性平均只有6.5千克，雌性只有5.1千克。

皮毛 灰色到茶色；下巴、胸部以及前肢内侧是白色的；耳朵具有长白毛圆饰，臀部有白斑；分布于北部的皮毛较短，颜色较淡。

食性 吃树叶，主要以种类有限的桉树树叶为食，但是也吃一些非桉树树木的嫩叶，包括金合欢属树、薄子属树以及白千层属树的叶子。

繁殖 雌性性成熟期在出生后21～24个月时到来；怀孕期大约35天，每胎只产1只幼崽，在夏季（11月至次年3月）分娩。幼崽在出生12个月后独立生活。雌性能够连续数年繁殖。

寿命 最高可达18年。

雄性树袋熊的体重超过雌性50%，有一个相对比较宽阔的面部，一对相对较小的耳朵，还有一个比较大的散发气味的胸腺。雌性主要的第二性征是其育儿袋，内有2个奶头，向后端开口。

树袋熊实行广泛的"一雄多雌制"的交配体系，在这种体系下，某些雄性占据大部分的交配权，但是占统治地位的雄性与处于被统治地位的雄性对交配权分配的准确细节，还没有得到全面广泛的研究，尚需要进行清晰的阐释。雌性树袋熊在2岁大的时候进入性成熟期，并开始繁殖。雄性也可以在这个年龄进行繁殖，但此时的交配成功率通常很低，直到它们年龄更大（约4～5岁），体型大到足够对雌性展开成功的竞争时，这种情况才会得到改变。

● 回报率比较低的食物

桉树作为常绿植物，持续不断地为食叶动物提供了可用的食物资源，一只成年树袋熊每天会吃掉大约500克重的鲜树叶。尽管有600多种桉树供树袋熊选择，但它们仅仅以其中的30种左右为食。偏食程度在种群之间有所不同，它们通常聚集到较湿润、物产更丰饶的栖息地里的树种上。在其分布范围的南部，它们偏爱多枝桉和蓝桉，而在北部的种群主要以赤桉、脂桉、小果灰桉、斑叶桉以及细叶桉的树叶为食。

桉树叶对大多数食叶动物而言并不适于食用（如果不是全然有毒的话）。桉树叶中包括氮和磷在内的基本营养物质的含量极低，并含有大量的难以消化的结构性物质，例如纤维素和木质素，而且还含有酚醛和萜烯（油类的基本成分）。最近的研究表明，这些物质化合之后最终形成的东

西可能是树袋熊偏食的关键所在，因为已经发现树袋熊对桉树叶的可接受性与某些毒性极高的苯酚——萜烯混合物呈反相关关系。

树袋熊作了很多适应性改变，以使自己能够应付如此难处理的食物。有些树叶它们很明显地完全避开不吃，有些树叶中含有的毒素则能在肝中进行解毒并被排出体外。处理可用能量这么低的食物，需要作出行为习性上的调整，因此树袋熊睡得很多，一天最多可睡20个小时。这就造成了一个广为流传的说法：它们因摄食桉树叶中的化合物而变得麻痹。树袋熊还表现出对水分的高利用率，除了在最热的季节之外，它们从树叶中就可以获得所需要的全部水分。

● 独居而又惯于定居

树袋熊是独居动物，也是惯于定居的，雄性占据着固定的巢区。巢区范围的大小与栖息地环境的物产丰饶度相关联。在物产丰富的南部，巢区范围相对比较小，雄性占据的面积为0.015～0.03平方千米，雌性占据的面积为0.005～0.01平方千米；但是在半

↗ 一只树袋熊正在树枝间进食。桉树叶对大多数食叶动物而言是有毒的，但是树袋熊的肾已经进化到能够处理这些树叶所包含的至少其中某些毒素的地步。这种进化因而向这种动物提供了一种相对无竞争的、全年都可利用的食物资源。

干旱地区，巢区的范围就要大得多，雄性常占据1平方千米或者更多。居于社会统治地位的雄性的巢区与最高可达9只之多的雌性的巢区相重叠。树袋熊主要在夜间活动，到了繁殖季节，成年雄性在夏季的夜晚会在很大的范围里走来走去。如果雄性遇到另一只成年的雄性，通常就会发生争斗；如果雄性遇上一只处于发情期的雌性，它们可能会进行交配。交配时间很短，一般少于2分钟，并在树上进行。雄性从后面爬到雌性身上，交配的时候通常把它抱在自己和树枝之间。

袋鼠与沙袋鼠

> 大赤袋鼠跳跃着跨过干旱的滨藜平原,这是澳大利亚最典型的景象之一。然而大赤袋鼠还仅仅是一系列大约68种不同的现存动物中的一种(包括袋鼠、沙袋鼠以及鼠袋鼠,这些种类共同组成袋鼠总科)。适应沙漠生活且草食的袋鼠(如大赤袋鼠)实际上仅仅是在过去的1 500万~500万年里进化出来的。在那之前,澳大利亚遍布森林,所有袋鼠的祖先都是树栖植食者。

袋鼠总科的名字取自袋鼠属,即大赤袋鼠所在的属。这个词在拉丁文里的意思是"大脚",而长长的后足的确是这种动物的特征。它们是用两后足一起跳跃的最大的哺乳动物,而跳跃是一种对大型的哺乳动物来说很为奇特的步态,不过这并不是袋鼠行走的唯一方式。

● 跳跃的机制

所有的袋鼠都是覆有毛皮且长尾巴的动物,它们有细脖子、突出的耳朵,以及高度发达的后半身和臀部(这使其前肢和上身显得比较小)。一个长而狭窄的骨盆支撑着长而多肌肉的大腿;更加细长的胫骨并没有附着太多的肌肉,并在脚踝处结束(这是对脚部避免扭伤所作的一种适应,这样当袋鼠在跳跃时就不会拧了脚踝)。在休息和慢速活动时,它们那长而窄的脚底能承受身体的重量,使其成为一种靠脚掌着地行走的动物。然而在跳跃的时候,袋鼠会耸身立在它们的趾和后脚的"球"上。仅有2个趾——第四个和第五个——在实际上承受身体的重量,第二和第三个趾缩小成一个小小的残"桩"(上面各自长有爪甲,专门用来整理皮毛)。

第一趾除了麝袋鼠还有之外,其他袋鼠的完全消失了。麝袋鼠是原始的麝袋鼠科中现存的唯一成员。巨型短面袋鼠属中的巨型短面袋鼠的第五趾也没有了。巨型短面袋鼠属的动物在2.5万~1.5万年前的最近一个冰川期的高峰期灭绝了,这可能是人类纵火和猎杀造成的结果,但是古代岩画记录下了它们那特征显著的脚印。肢体延长与趾减少是很多世系的陆生食草哺乳动物的特征——包括奇蹄目中的马及偶蹄目中的鹿、羚羊和叉角羚——它们通过进化加快了奔跑速度以躲避奔跑型的掠食者的猎杀。

袋鼠并不仅仅跳跃行进，当慢速移动的时候，它们也用四个脚掌爬行，但一对前肢与一对后肢一起移动而不是交替移动。对袋鼠亚科动物中中等体型和大体型的种类来说，当后肢抬起并前摆的时候，尾巴和前肢要承担身体的重量。对体型比较大的袋鼠亚科动物而言，它们的尾巴长而粗，长有很多肌肉，当其坐着的时候可靠在上面，就像一个运动员靠在一根手杖上一样；在打斗过程中，尾巴甚至可以暂时地单独支撑整个身体。

对体型比较小的沙袋鼠和鼠袋鼠而言，尾巴的主要作用是平衡和调整方向，例如帮助进行突然转弯。大多数的鼠袋鼠还用尾巴来运输做巢的材料——草和小枝被聚集成一捆然后用后脚抵住尾巴的内侧向后推（它的尾巴呈卷曲状抵住臀部"抓住"草枝捆，跳向建造中的窝巢）。

与其后肢形成对比的是，袋鼠的前肢相对比较小，也没有专门化。前掌长有5个同样大小的趾，上面都有强有力的爪甲，围绕短而宽的掌排列。鼠袋鼠用其长有长爪甲的长长的第二、三、四趾挖掘食物。袋鼠的前爪能够抓住或者处理食用的植物，还能用以紧抓皮肤，使育儿袋保持敞开，

↗ 麝袋鼠是个分类学上的另类，与其他袋鼠类动物不同，它不属于袋鼠科，而是麝袋鼠科的唯一代表。它在解剖学上最明显的特征是第一趾的存在，而这个趾在其他所有种类的袋鼠中都消失了。

● 知识档案 ●

袋鼠与沙袋鼠
目 袋鼠目
科 袋鼠科与麝袋鼠科
共有16属，大约68种。

分布 澳大利亚、新几内亚岛；被引入到英国、德国、新西兰等国。

体型 体长从28.4厘米（麝袋鼠）到165厘米（雄性大赤袋鼠）不等，尾长从14.2厘米（麝袋鼠）到107厘米（雄性大赤袋鼠）不等，体重从0.5千克（麝袋鼠）到95千克（雄性大赤袋鼠）不等。

皮毛 袋鼠的毛发一般2~3厘米长，质量好、较密但不光滑。颜色从浅灰色到层次各样的沙褐色再到暗褐色或者黑色不等。

食性 主要吃植物性食物，包括草、非草属草本植物、树叶、种子、果类、块茎、鳞茎以及块菌；还包括无脊椎动物（如昆虫和甲虫的幼虫）。

繁殖 怀孕期30~39天；幼崽附着在母袋鼠育儿袋里的奶头上，并在那里继续待6~11个月。

寿命 12~18年（人工圈养的情况下为28年），体型比较小的鼠袋鼠为5~8年。

跳跃行进就显得能量利用效率极高。在每一次跳跃的末尾，能量都被储存在弯曲的后腿的肌腱里，以便在下一次跳跃的时候推动后腿展开。

这种爆发需要后肢长大、强壮而又协调一致，这样就促使了一种跳跃步态的产生。体型比较大的袋鼠能够以大于55千米/小时的速度保持跳跃前进，而体型较小的种类能够以30千米/小时的速度进行跳跃式的奔跑。

袋鼠类动物的四肢、爪甲以及四足还可作为武器来用。鼠袋鼠和小体型的沙袋鼠通过跳跃时互踢对方或者在地上滚来滚去的抓挠式的方式进行战斗，有的时候甚至能用其后肢杀死对手。体型大的袋鼠则用下列方式进行打斗：前肢环绕着对手的头部、肩膀以及脖子，身体保持更加直立的姿势，用其强壮有力的后肢（这个时候的体重主要由其尾巴支撑）猛踢对方，把大大的脚趾用力地踢向对手的腹部。体型比较大的袋鼠中的雄性的肩膀和前臂比雌性的更强壮，而且雄性前掌的爪甲也更为发达有力。雄性还在腹部覆盖有一层加厚的盾状皮肤——是腰窝或者肩部皮肤厚度的两倍还要多——这帮助它们缓冲踢向腹部的冲击力。

袋鼠类动物的头部表面上看来像羚羊的头，具有以下特征：有中等长度的口鼻部，有视野宽阔的眼睛并能

或者在梳理皮毛的时候用以刮挠。体型比较大的袋鼠还用它们的前肢进行体温调节：把唾液涂向它们的身体内侧，使唾液在那里蒸发掉，以便血管网（就位于皮肤的表面之下）中的血液得到降温。

当速度低于约10千米/小时时，跳跃最多是一种笨拙难看的动作方式，但是当速度高于15~20千米/小时的时候，与四足小跑或者四足飞奔相比，

双目并用,还有能够旋转以从各个方向捕捉声音的直立的耳朵;上嘴唇像兔子或者松鼠那样"裂开"。

袋鼠类动物的口鼻部、牙齿以及舌头适于取食小的食物,而不是大口大口地吞食。在上嘴唇的后面有一排弧形门齿,能在上颌的前部围起一个肉质垫。对袋鼠亚科的袋鼠和沙袋鼠来讲,有2颗平伏的(水平方向放置的)下门齿,在树叶沿着上门齿弓的边缘被撕裂的时候,能使树叶对着这个肉质垫。对鼠袋鼠亚科和缟兔鼺——现今仅存的一种缟兔鼺亚科动物——来说,下门齿和第2及第3颗上门齿咬合,而中央部位(第1颗)门齿突出,用以咬啮。

袋鼠类动物能够使用其前爪处理或者挖掘食物。这种能力在鼠袋鼠亚科动物的身上最为发达,它们在很大程度上依靠从地下挖掘食物生活。然而,甚至是体型最大的袋鼠也能用爪把植物拉向自己,并用它们的前掌从嘴中除掉植物上那些不能吃的部分。

袋鼠类动物的食物消化由一个扩展形成发酵腔的前胃协助进行。胃壁上的纵向或者横向的诸多肌索——具有结肠袋的特性或状态——相互联系起来以搅动胃容物。一段大小中等的小肠通向扩大的盲肠和最近的结肠——这里可能是作为附属的发酵场所,在它的远处,已消化的食物通过结肠而具再吸收作用的远端。

袋鼠皮毛的颜色从浅灰色到暗褐色或者黑色不等。很多袋鼠类动物有不明显的暗色或者浅色条纹,这些条纹在视觉上打破了它们的轮廓:爪甲、四足以及尾巴常常要比身体颜色深些,而腹部通常颜色较浅,使得这些动物们在黄昏或者月色下显得有些"扁平"。对岩鼺属和树袋鼠属的一些种类来说,尾巴上的条纹是纵向或者横向的。

很多雄性袋鼠喉部和胸部的皮肤能分泌有气味的分泌物,它们把这

↗ 一只黑尾袋鼺正在吃树叶。这种动物在开阔的高地森林和沼泽区域以及红树林里都有分布。

些分泌物涂抹到树上（尤其是树袋鼠属）、岩石上（岩䶈属），或者灌木丛和草丛的草上（体型大的袋鼠）。它们还可能在求爱时期把气味擦到雌性身上，以向其他雄性表明它们之间的关系。它们的泄殖腔里还有其他腺体，可以向尿液或者粪便里加入气味。

● 遍布澳大利亚

麝袋鼠科现存的唯一一种，即麝袋鼠，分布地局限于澳大利亚约克角东边的雨林里。与之形成对比的是，袋鼠科动物，尤其以袋鼠亚科为代表，广泛分布在澳大利亚、新几内亚的主岛及其沿海岛屿上。但是鼠袋鼠亚科（包括10个新近确立的种）的分布局限于澳大利亚（包括塔斯马尼亚和其他的南方岛屿），在热带气候的北部极少。袋鼠亚科的2个属，即羚面䶈属和山林䶈属，分布局限于新几内亚岛；树袋鼠属10种中的8种，以及丛䶈属的4种也仅分布在那些地方。仅有2种，即赤腿丛䶈和敏袋鼠，既分布在澳大利亚，也分布在新几内亚岛。

● 从草类到块菌

麝袋鼠食肉质果类和真菌类，还经常食昆虫；此外，它们有时还分散储藏种子，尽管我们尚不知道它们在多大程度上能够有效地重新找到储藏的种子。袋鼠科动物靠植物为食，但有些体型比较小的种类（尤其是鼠袋鼠亚科）也吃甲虫的幼虫等无脊椎动物。鼠袋鼠属和短鼻䶈属在很大程度上以植物的地下储藏器官为食，如膨胀的根部、根状茎、块茎以及鳞茎，此外还吃某些真菌类的子实体（块菌），这在分散传播真菌的孢子上发挥了重要的作用。

体型比较小的袋鼠在食性上高度挑剔，会搜寻找出高质量的食物。体型最大的种类的种类则不挑剔。

● 成群与独居

初生的袋鼠幼崽非常小，长度只

↗ 一只母红颈袋鼠和它的幼崽正在塔斯马尼亚的日光下放松休息。母袋鼠每胎只产1只幼崽，但是两胎之间的间隔时间很短，意味着它们常常在育儿袋中养育一只小幼崽的同时，还要给另一只比较大的紧随母兽的幼崽哺乳。

有5～15毫米。它们看起来还处在胚胎状态，长有发育不完全的眼睛、后肢和尾巴。这些新生幼崽使用其有力的前肢，依靠自己的力量沿着母袋鼠的皮毛向上爬到朝前开口的育儿袋中。在那里，它们用嘴夹紧4个奶头中的一个，附着在上继续进行多周的发育，时间因种类的不同而从150天到320天不等。育儿袋为幼崽提供了一个既温暖又湿润的环境，因为幼崽还不能调节自身的体温，并会经由其裸露无毛的皮肤快速地丧失水分。

一旦幼崽松开了奶头，很多体型较大种类的母袋鼠就会允许它从育儿袋里出来进行短期的"溜达漫步"，当母袋鼠要走的时候再把它找回来。在母袋鼠快要生下一胎幼崽之前会避免已生幼崽重新回到育儿袋中，但是这只幼崽会继续跟随母袋鼠，并且可以把头伸进育儿袋里吸吮奶头。当幼崽接近成熟的时候，母袋鼠所提供的乳汁的质量会发生变化。一只母袋鼠在给一只待在育儿袋中的幼崽哺乳的同时还要给一只"紧随母兽的幼崽"哺乳，它会从两个奶头中产出质量不同的乳汁——拥有这种本领是因为它的乳腺处在不同激素的控制之下。

产下非常小的幼崽是相对省力的。雌袋鼠靠尾巴和后腿的支撑向前坐着，并用嘴舔自己的泄殖腔和育儿袋之间的皮毛，形成一条在新生幼崽进入育儿袋之前一直使新生幼崽保持湿润的"小路"。分娩数天之后大多数的袋鼠类动物会再一次进入发情期。如果它们交配并受孕，这个新胎儿的发育会停留在未植入的胚泡阶段。"胚胎滞育"状态将会持续到当前育儿袋中的幼崽充分发育至距能够离开育儿袋约1个月时。然后那个胚泡会被植入子宫并恢复发育。在临产前的一两天，母袋鼠会拒绝接纳先前的幼崽到育儿袋中，这种回绝对幼崽来说难以接受，因为在早先的时候它一听到呼唤就回到母袋鼠身边并且爬到育儿袋里面去。之后母袋鼠会清洁并准备好育儿袋以迎接下一个幼崽的出生。这样，很多袋鼠类动物的雌性能够同时进行以下3种活动：给一个"紧随母兽的幼崽"哺乳；给另一只处在育儿袋中的幼崽哺乳；维持一个处于滞育状态中的胚胎。

两次生育之间比较短的间隔能使雌性快速填补上被掠食者杀死"紧随母兽的幼崽"而带来的损失，还能使它们较为轻易地补上抚育失败的育儿袋中幼崽的空缺。一只受到澳洲野狗紧追的雌袋鼠可能会放松靠近育儿袋的括约肌，边逃跑边把它的幼崽放下去让野狗吃掉。在干旱所造成的营养不足的压力下，育儿袋内的幼崽也会死去，但是它会很快被休眠的胚泡所取代——这个胚泡一旦受到上一只育儿袋中的幼崽停止

↗ 对其所待的地方而言,这只发育良好的幼袋鼠的体型几乎是太大了,它正从母袋鼠的育儿袋中向外窥探。这只幼袋鼠处在半独立生活的阶段,它会从育儿袋里出来做短时间的活动,但是要回到育儿袋里睡觉和吃奶。不久之后它就要永远地离开母袋鼠的育儿袋了,为的是给它即将出生的"弟弟"或"妹妹"腾出地方。

吮奶的刺激就会植入子宫并恢复发育。以相对比较低的新陈代谢率作为代价,雌性还能够维持处于待发育状态的胚胎,一旦雨水突至或者情况转好,就会转入发育状态。

"紧随母兽"的阶段在幼崽断奶之后结束。对大体型的袋鼠来说,这个阶段会持续很多个月,但对小体型的鼠袋鼠如赤树袋鼠而言这个阶段几乎没有。类似地,大体型的袋鼠在繁殖之前要经历一个长久的未成年阶段。大体型袋鼠的雌性在2~3岁大时才开始繁殖,以后可能会繁殖8~12年。某些小体型的鼠袋鼠幼体能够在断奶后的1个月之内受孕,这个时候它们只有4~5个月大,但也有可能会延迟到10~11个月大时。

袋鼠类动物的雄性的生理成熟期可能比雌性稍长,但是对体型比较大的袋鼠而言它们对繁殖的参与要受到社会性的限制。雌性的生长发育在其开始繁殖之后减速,但是雄性会继续快速地成长,这导致年龄大的雄性要比年轻的雄性和雌性大很多。事实上,一只雌性大灰袋鼠或者大赤袋鼠处于第一次发情期时体重仅有15~20千克,却可能会被一只五六倍于其体重的雄性追求并与之交配。体型比较大的袋鼠类动物表现出了已知陆生哺乳动物中最为夸张的体型二态性，这在很大程度上是因为种群中体型最大的雄性能够获得大多数的交配机会。与此形成对照的是，体型比较小的沙袋鼠与树袋鼠的雄性与雌性成体大小相同。

除了雌性常有独立的幼崽跟随之外，大多数的袋鼠类动物都是独居的。鼠袋鼠亚科的动物在白天的时候单独地躲藏在一个自己建造的窝巢里，雌性则可能会跟它没有断奶的"紧随母兽的幼崽"分享这个窝巢；到了晚上，当出去寻食的时候，这只雌性可能会被一只雄性发现并陪同。在发情期之前的那些晚上，可能会有数只雄性试图跟它发生关系。

短鼻鼷在自己挖掘的洞穴中建巢，这些洞穴松散成群，但是它们也不是真正的社会性动物。独居的袋鼠亚科动物——它们不使用永久性的住处（大多数体型比较小的种类生活在茂密的栖息地里）——行为习性非常像鼠袋鼠亚科的动物，但是一只雌性跟它最近生育的幼崽之间的联系可能会在断奶之后持续很多周。在发情期的日子里，一只雌性可能会被大群热情似火的雄性陪同护卫着。

岩鼷属动物白天躲藏在山洞和漂石堆里（即漂石丛生的地貌内），这就导致这种动物白天会一群群地待在丛生成群的庇护所里。个体会持久使用同一个庇护所，雄性之间会进行竞争以使其他雄性远离一只或更多只雌性的庇护所。对岩鼷属的某些种类来说，雄性在白天的时候可能跟一只或一只以上的雌性保持近距离的接触，但是它们并不总会在一起觅食。类似地，一只雄性树袋鼠会防止其他雄性接近与它保持联系的一只或数只雌性所使用的树木。

袋鼠属的某些种类会形成50只或者更多个体组成的群体（常被称为"帮"），然而，这些群体成员之间的关系相当灵活多变，一天之内个体会加入或离开数次。基于性别和年龄方面形成的小团体，会倾向于和同它们相类似或者其他特殊的小团体联合在一起，雌性个体也可能和它们的雌性家族成员或者没有亲属关系的特定雌性联系在一起——这种联系较频繁而持久，但并不是永久性的。一只雌性在幼崽的不同发育阶段所处的环境决定了它以后的联系模式：如果雌性的那个幼崽将要离开育儿袋，它就会避免和其他有同一阶段幼崽的雌性接触，会退回到通常没有其他个体使用的部分地带。

这些种类的雄性在群体之间的迁移比雌性更加频繁，并且迁移的范围也更大。雄性都不是地盘防卫性的，它们也不会做出任何尝试去把其他雄性

↗ 一只袋鼠正与它的幼崽在一个凉爽的水塘里休憩。大体型的袋鼠大都在白天阳光强烈时休息，在阳光较弱的黎明或者黄昏出来觅食，并通过这种方式来保持凉爽。

排除在一群雌性之外。雄性活动范围广泛，通过嗅泄殖腔和尿液的气味来检查尽可能多的雌性。如果一只雄性侦测到一只雌性接近发情期，它就会试着跟这只雌性配对，跟随在其附近，并在其进入发情期的时候与其交配。但是，这只雄性可能会被其他任何体型更大、更占优势地位的雄性取代。

体型比较大、具有社会性的袋鼠类动物全部生活在开阔的地区（草地、灌木林地或者稀树大草原），以前的时候经常受到掠食者的捕食，例如澳洲野犬、楔尾鹰，以及现在已经灭绝的袋狼。社会性聚群对大体型的袋鼠在反掠食者方面产生了很多好处，因为澳洲野狗较少能够接近大群大袋鼠，这样它们就能花更多的时间觅食。袋鼠群的大小与其密度、栖息地的种类、白天的时长以及天气联系在一起。

针鼹

2000年悉尼奥运会上,有一只像刺猬一样的动物被选为吉祥物,在全世界招摇过市。许多人不知道它的名字,只知道澳大利亚五分硬币上刻有它的形象。这小东西名叫针鼹,在整个地球上,只有澳洲才有它的足迹。

针鼹生活在塔斯马尼亚岛上和新几内亚岛上,它身长50~70厘米,体重5~10千克,身上长着刺,像刺猬和豪猪;嘴巴细长,四肢粗壮,看上去像一只玩具小象;舌头细长,长有倒钩,可以伸出嘴外很远,又像食蚁兽。它是世界仅有的两种单孔目动物之一(另一种是鸭嘴兽)。今天,针鼹以古老的生活方式生存在澳大利亚古老的生态环境中。

● **强劲的掘洞技术**

针鼹科有2属2种,即短吻针鼹和长吻针鼹。短吻针鼹又称刺食蚁兽,身上既有毛又有棘刺,喙长,以白蚁等为食,擅长挖掘。短吻针鼹是现存分布最广泛,最常见的单孔目,遍布澳洲大陆、塔斯马尼亚岛,以及新几内亚岛岛的中部和南部。塔斯马尼亚岛的短吻针鼹身上毛较多。

长吻针鼹现在仅分布于新几内亚岛岛,但是在更新世则可见于澳洲大陆和塔斯马尼亚岛。长吻针鼹的体型几乎比短吻针鼹大一倍,是最大的单孔目成员,喙长而弯,身上的刺短而稀疏,毛发则比较多。长吻针鼹过去曾被分成3个不同的种,其中三趾原鼹在岛上分布广泛,而立另外两种则局限于东北部的高地。现在长吻针鼹均被归入同一种,下设不同的亚种。

针鼹的外形和刺猬差不多,长50~70厘米,宽不到70毫米,雄针鼹略大一些。不论雌雄,身上都披挂着粗硬、尖锐的刺。黄褐色的刺的顶端是深褐色的,这种颜色使它在沙地灌木林中跑动时不起眼,伪装颜色十分成

↗ 针鼹的外表像刺猬,却是和刺猬没有一点渊源,反而和鸭嘴兽是近亲。

知识档案

针鼹
目 单孔目
科 针鼹科

分布 澳大利亚、新几内亚岛。
栖息地 灌丛、草原、疏林和多石的半荒漠地区等地带。
体型 外形似刺猬，尾很短，体长约50~70厘米。长吻针鼹的体型比短吻针鼹大一倍。
体羽 体毛有的变成坚硬的刺，刺间和腹面有细毛。细毛一般为褐色或黑色，腹面的毛短而柔软，颜色较淡。
食性 以白蚁、蚁类和其他虫类为食。
繁殖 一般在每年5~6月交配。卵生，通常每次仅产1个卵。
寿命 在哺乳动物中，针鼹可以算是一种长寿动物，寿命可以超过50年。

的爪子十分厉害，像人手又有点像鸡爪，挖土速度快，且比较深，一口气可挖1.5米左右。其挖土速度之快不要说刺猬、野兔不及，就是用现代人的工具甚至机器也未必能赶上它。当你在灌木丛中发现一只黄澄澄的针鼹，在慢悠悠地爬着，你呼喊着同伴，朝它走去。可就在这几秒钟之间，在你的眼皮底下，针鼹不见了!哪怕是一片草地，甚至一片沙地，刹那间它也能在你眼前消失，只在地表上留下一个堆有浮土的洞口。

● 有刺的"食蚁兽"

当然，挖洞不是针鼹的主要职责，觅食才是它最关心的问题。针鼹的食物主要是蚁类、蚯蚓等，包括澳大利亚人恨之入骨的白蚁。澳大利亚每年许多民房被白蚁毁掉，农民们喜欢可爱的小针鼹也有这一因素在内。

针鼹虽然眼睛很小，视力欠佳，但是能敏锐地察觉土壤中轻微的震动。它主要以白蚁和蚂蚁为食，有时也吃其他昆虫和蠕虫等小型无脊椎动物。针鼹长着一支管状的长嘴，鼻孔就开在长嘴巴的喙尖，舌头也是针鼹的重要武器，可以伸出嘴外一尺多，舌尖上分泌一种黏液，用来粘食蚁虫果腹。据估计，它一天可吃上万只蚂蚁、白蚁。针鼹一般在白天活动，一天有18小时外出找食，用鼻子探测寻

功。它不仅背上，而且身体的边缘部分也都长满刺。这当然是它自我保护的工具或者说"盾牌"了。一旦遇到敌害，如老鹰、蛇、蜥蜴等，它就可以蜷成一团，像刺猬一样，全身根根尖刺一致朝外，敌人也就对它无从下手了。除此之外，针鼹的刺并不是牢牢地长在身上的，必要的时候那些带着倒钩的刺就会像箭一样射向敌害。

把身体蜷成一团，像一个球，然后静候敌人不耐烦地走开，这种"消极"本领，针鼹虽然也具备，但针鼹还有一样刺猬不会的"绝活"就是掘洞逃跑。针鼹和刺猬最大的不同是针鼹有锐利的爪子，善于掘土。针鼹

找蚁类和蚯蚓及其他无脊椎动物。

平时，针鼹居住在洞穴里，下午和傍晚外出活动，常把坚硬、尖长的嘴插入蚁穴，然后伸出细长而布满黏液的舌头，在蚁穴内取食白蚁和蚂蚁。它除了用舌上黏液粘取食物外，还常用舌上小钩钩捕食物。因为没有牙齿，针鼹的食物仅仅限于那些能够用舌头捉到的动物。然而，它们却顽强地生存了下来，而且在至少八千万年里没有什么改变。针鼹能够成功地生存是有原因的。它们最主要的捕食对象是蚂蚁，而蚂蚁是所有昆虫中生存最成功的一种，它分布在最广泛的地区。只要蚂蚁一天大量存在，针鼹就不愁没有吃的。

针鼹专心致志地以蚂蚁为食。它那像铲子一样粗壮的腿更适合于挖掘而不是行走，正是它们这种笨拙使得它更能适应环境。针鼹能够同时用四肢挖掘，它把地面上的土刨到身体两边，这样它就可以垂直地往下钻。当针鼹毫无保护的腹部下到地面，它就会用针刺形成一个颇具有效的防护体系，以抵抗任何可能出现的食肉动物的攻击。针鼹能够非常有技巧地使用它那长长的、坚硬的舌头摸索着深入蚁巢。针鼹会在蚁巢用餐长达半个小时，吞食几千只白蚁。它不能咀嚼，因为它没有咀嚼肌，也没有牙齿，它只能把食物放在舌头的后部压碎。一天中为了觅食，针鼹要来回徘徊18千米。针鼹还会专门寻找食肉蚁。这种凶猛的食肉蚂蚁是唯一能够冲破针鼹防线的昆虫，但它对针鼹的伤害并不大，因为针鼹从食肉蚁身上得到的好处要比挨咬的损失大得多。

8~10月，是针鼹袭击大型蚁穴的季节。蚁穴中有许多带翼的肥壮蚁后，这些蚁后准备了充足的脂肪养料，准备飞出窝，建立新的家。此时，针鼹用长鼻嘴猛地袭击蚁巢，伸出它充满黏液的舌头，粘住食物，卷入口腔。在粘住蚁后的同时，也会带入许多脏土屑，但这没有关系。针鼹的胃表皮粗糙，和别的哺乳动物很不同。而这些脏土不但不会损伤针鼹的胃，反而能帮助消化，又补充稀有元素。

● 临时性"育儿袋"

针鼹虽然形似刺猬，在亲缘关系上却相距甚远。刺猬是食虫类哺乳动物，针鼹却是鸭嘴兽的近亲，是卵生的哺乳动物。

每年5月是针鼹的繁殖期。此时，雌兽的腹部会长出一个像袋鼠那样的育儿袋。育儿袋是个新月形、布满粗毛的袋囊，这些由肌肉的收缩而形成的皮肤褶皱，仅在每年繁殖期间才出现，可以使卵在其中孵化，成为临时的育儿袋，并盖住腹部的乳孔区。此外这个袋子还具有一个上耻骨，与骨盆相连接，可能是用来支持袋内的卵或幼仔。

雌性针鼹会于交配后第22天，生下一个卵。产卵时，雌兽像毛虫一样把身体弯曲，将泄殖腔对准袋囊，使卵由泄殖腔流出时正好落入袋内，同时由泄殖腔内还流出一些很黏的液体，把卵粘在袋囊的毛上。雌兽大多仅产1枚卵，偶尔产2枚。由于它没有固定的住所，卵产下以后就由雌兽随身携带并孵化。针鼹的卵和鸟卵不一样。卵呈白色，里面有一个极大的卵黄，没有卵白，大约长15毫米，直径13毫米，大小与鸭嘴兽的卵差不多。它的卵壳表面很粗糙，如同粗羊皮纸一样，很像许多爬行动物的革质卵壳。孵化几周后，幼仔就出壳了。

刚出生的小针鼹仅重0.4克，体长不足12毫米，留在育儿袋中继续生长。刚出生的小针鼹所要做的第一件事就是找奶吃。但是母针鼹没有奶头，当小针鼹刺激育儿袋内的皮肤时，奶汁就会从特殊的细孔中分泌出来，其乳汁十分浓稠，并随着小针鼹的长大而越来越浓稠。五十天之后，当小针鼹长好了脊梁骨，背部长出了针刺，使雌兽感到不适。这时就开始断奶，雌兽便把它们掏出来，藏在灌木丛等比较隐蔽的地方，继续哺育，雌兽的临时育儿袋也就自然消失了。幼仔1岁以后才能达到性成熟，这时背上的针刺可长到6厘米长。

↗ 当针刺长出来之后，小针鼹便要离开母针鼹的育儿袋，在巢穴中继续成长。

袋獾

> 袋獾在澳洲是标志性的动物。在塔斯马尼亚的国家公园、野生动物机构均以袋獾为标志，袋獾也是六种在1989至1994年间发行的200澳元纪念硬币出现的本土动物之一。然而，由于过去过度的猎杀和恶性肿瘤的威胁，现在这种凶猛的有袋肉食动物正面临灭绝的命运。

世界上哺乳动物中最凶猛的咬人动物是什么？答案不是老虎不是狮子，而是看似温顺、可爱的肉食有袋类动物袋獾。澳大利亚科学家曾经对39类灭绝和幸存肉食哺乳动物的犬齿进行分析。结果发现，常常被人们所低估的袋獾是现在活着的撕咬力量最大的哺乳动物。事实上，一只6千克重的袋獾能够杀死30千克重的袋熊。

● 塔斯马尼亚的恶魔

袋獾也被称作"大嘴怪"，过去曾分布于整个澳大利亚大陆，现仅见于塔斯马尼亚岛。袋獾是世界最大的食肉有袋动物。袋獾以它那独特的嚎叫声和暴躁的脾气著称于世，塔斯马尼亚最早的居民因为被夜晚远处传来的袋獾可怕的尖叫声吓坏了，因此称它们为"塔斯马尼亚的恶魔"。其特色在于黑色的皮毛、遭遇压力时发出的臭味、非常大声及刺耳的尖叫以及进食时的丑态。

袋獾体型矮胖及粗壮，头大尾短。贮存脂肪的尾部是袋獾健康的指标，因为瘦削的尾部代表袋獾健康欠佳。袋獾的毛发呈黑色，不过胸部和臀部往往带有小块白色的毛。身长50~80厘米，尾长20~30厘米，体重4.1~11.8千克。体形与鼬科动物相近。腹部生有育儿袋。

袋獾和其他有袋动物的不同之处在于其前足比后足稍长。它们可以以每小时13千米的时速奔跑。袋獾脸上和头顶有触须，以便在黑暗中寻找猎物或侦测同类的存在。它们在被激怒时会放出臭气，刺鼻程度可与臭鼬比拟。袋獾听觉和嗅觉都非常灵敏，至于视觉则以黑白视力表现较佳，因为它们多在晚上出动。它们容易看到移动物件，却难以观察静止物件。

一项关于哺乳类动物噬咬能力的分析指出，相对于各自的体积而言，袋獾是噬力最强的现存哺乳类动物。这与其头部大小有一定关系。袋獾一

知识档案

袋獾
目 袋鼬目
科 袋鼬科

分布 澳洲的塔斯马尼亚岛。
栖息地 灌丛、草原、疏林和多石的半荒漠地区等地带。
体型 身长50~80厘米，尾长20~30厘米，体重4.1~11.8千克。
体羽 黑色。胸部和臀部有小块白毛。
食性 既会狩猎，也吃腐肉。
繁殖 每年3月份开始繁殖。妊娠31天后，可产下20~30只。
寿命 野生袋獾的寿命为6年，受饲养的袋獾则较长寿。

生之中只有一副会慢慢长大的牙齿。

雌性袋獾自2岁起每年发情一次。在发情时，雌性袋獾会制造多个卵子。每年三月是交配期，交配不分昼夜地在受到遮蔽的空间进行。雄性袋獾会互相斗殴以争夺交配权，但如胜利者在交配后不加看守的话雌性还会和其他雄性交配，因为袋獾是多偶的动物。袋獾在妊娠31天后，便可产下20~30只重0.18~0.29克，仅有米粒大小的幼仔。二三十只刚刚降生的幼崽必须艰难地从产道爬进只有四个乳头的育儿袋中。和袋熊一样，袋獾的育婴袋是向后开口的，因此母亲难以和子女进行直接的交流互动。

在育儿袋里，脆弱而幼小的它们会被一种油性分泌物所包围，这种分泌物可以在它们长出皮毛以前使它们的皮肤保持湿润。通常只有四只幼崽可以存活下来，而大多数幼崽则会在育儿袋中默默地夭折。剩下的小崽在育儿袋内继续迅速生长。在第15天后它们开始长出耳朵，紧接着的是眼睑和触须（三部分的生长各相差一天）。第20天小崽会长出口唇，第49天开始长出皮毛，直至第90天左右长满全身为止。它们的眼在长满毛的前后（第87~93天）就能够睁开，到第100天左右便会断奶。再过5天，小崽便可离开育婴袋，这时它们约重200克。与袋鼠不同，袋獾离开育儿袋后便不会回去，但会留在母亲的巢中约3个月，在10~12月间开始外出，到次年1月独立生活。袋獾母亲每年只有约6个星期的时间不需养育子女。

● **吃腐肉的机会主义者**

袋獾在塔斯马尼亚随处可见，对干燥的硬叶树林或接近海岸的林地尤其钟爱。它们昼伏夜出，日间栖身在茂密的灌木林或地洞之中。小袋獾能爬树，但成年袋獾就不能。另外袋獾也能游泳。它们喜爱单独行动而不成群出没。袋獾的活动范围介乎8~20平方千米之间，常常与其他动物的领地重叠。

行走时袋獾总在不停地嗅地面，

似乎在寻找食物。袋獾食性以肉食为主，吃昆虫、蛇和鼠类等，偶尔也吃些植物。袋獾一次可吃进一只小型的沙袋鼠，但实际上袋獾奉行机会主义，它们常吃腐肉多于捕猎活的动物。袋獾喜好的食物为袋熊，然而它们也会视周围的食物多寡进食其他家畜（如绵羊）、鸟类、鱼类、青蛙以及爬虫类动物。袋獾每天平均吃掉相当于其体重15%的食物，但情况许可的话它们也会在半小时内吃掉相当于其体重40%的食物。

除了普通的肉和内脏，袋獾也会吃掉猎物的毛皮和骨头。农民对袋獾的这种习性甚为欢迎，因为它们令那些能够伤害家畜的昆虫因为没有腐烂组织可吃而绝迹于农场。

进食对袋獾而言是社交活动，而它们通常也在进食的时候发出刺耳的声音。有时会有12只袋獾一起进食，叫声在数千米外也可听见。一项研究发现袋獾至少有20种身体语言（包括它们那广为人知的样子凶恶的呵欠）以及11种叫声，用以互相沟通。这些沟通方法也被袋獾用来显示自己的权威，可是袋獾之间仍不时进行打斗。成年的雄性袋獾最具侵略性，而在它们身上也往往找到因为争夺食物或配偶而打斗所产生的伤痕。

● **集体患上可怕肿瘤**

塔斯马尼亚作为大型肉食有袋动

↗ 袋獾的胸部通常长有小块白色的毛。

物的避难所由来已久。在人类到达后不久，受到惊吓的袋獾和澳洲大陆上的大型肉食有袋动物迅速绝迹，只有最小、适应力最强的品种得以幸存。

维多利亚州西部的化石证据显示袋獾直至600年前（即在欧洲殖民者登陆澳洲的400年前）仍在澳洲大陆活动，但澳洲犬和澳洲原住民的捕猎活动使袋獾在那里绝迹。至于塔斯马尼亚则因为没有澳洲犬定居，许多大型有袋动物在欧洲殖民者到来时仍活跃于这个岛上。

欧洲人把岛上的袋狼赶尽杀绝的事迹可谓广为人知，而袋獾也因此受到威胁。第一批吃过袋獾的人曾表示袋獾的味道像牛肉。后来大家相信袋獾会捕杀家畜后，更开始了大规模捕猎袋獾的行动。这行动由1830年左右开始，令袋獾在频频遭到陷阱和毒药捕杀之下濒临灭绝。不过，当最后一只袋狼在1936年死去后，人们便认识到自己对袋獾的威胁。五年后（1941年），保护袋獾的法律生效，它们的数量也逐渐回升。另外，历史上有两次袋獾数目异常下降的纪录，分别在1909年和1950年发生。人们相信两次事件均由瘟疫造成。

不过如今野生袋獾由于受到一种名为面部肿瘤的疾病困扰，数量锐减70%~90%，而濒临灭绝。面部肿瘤的最早记录始于1996年，这种疾病传染性较强，感染对象仅限于袋獾。面部肿瘤病使袋獾的面上和口内长出肿瘤，影响进食。袋獾最后会因饥饿而死。而袋獾好打斗的生活习性，以及近亲交配导致的遗传多样性不足等因素，均加剧疫情扩散，给野生种群造成致命威胁。

动物学界迄今未掌握这种疾病的病理和治疗方法。一些专家预计，如果疫情得不到控制，野生袋獾在今后15年到20年内可能灭绝。现在估计袋獾的数目有一万至十万头，而有关当局根据2006年底的数据推断成年袋獾的数目介乎二万至五万头之间。另一些研究面部肿瘤疾病的学者则估计现存袋獾总数介乎二万头与七万五千头之间。

目前，澳大利亚塔斯马尼亚大学和墨尔本大学等机构的科研人员正加紧研究针对袋獾面部肿瘤的有效疗法，努力使袋獾种群免遭灭顶之灾。

图为多只袋獾同时进食，袋獾进食时会发出刺耳的叫声。

蜜袋鼯

在澳大利亚众多有袋动物中，蜜袋鼯无疑是瞩目的。它们身披毛茸茸的外衣，有着薄而尖的耳朵，又大又圆的眼睛，体态轻盈娇小，模样讨巧，很喜欢跟人亲近。因此蜜袋鼯如今已成为了一种受大众欢迎的宠物。著名卡通人物皮卡丘就是根据蜜袋鼯的模样设计的。

蜜袋鼯是一种有袋动物（有袋的温血动物像袋鼠和沙袋鼠），蜜袋鼯大多数时间在树上活动。蜜袋鼯的身体两侧拥有滑行膜，从手关节延伸到脚踝，有利它们在树林间滑行。

● 出色的滑翔家

蜜袋鼯是夜行性动物，接近草食性的杂食性动物，傍晚是最好的觅食时机。蜜袋鼯是树栖动物，通常15~30只在一起群居。白天，它们蜷缩在树洞中休息，而树洞周围布满叶子。顾名思义，蜜袋鼯的名称源于其喜欢甜食的习性：除了树叶、昆虫和小脊椎动物，这些可爱的小家伙还喜欢以桉树、阿拉伯树胶和胶树等树种的甜树液为食。

蜜袋鼯的身体像鼬科，并有一条很长但不能抓东西的尾巴。蜜袋鼯由鼻至尾巴长约27~61厘米。雄鼯比雌鼯大。蜜袋鼯身披毛茸茸的蓝灰色外衣，耳朵薄而尖，眼睛大又圆，体态

↗ 蜜袋鼯爱吃甜食，但不宜吃太多。因为有袋目动物对于高血糖的调节功能并不佳，糖及脂肪含量过高的食物，将会威胁它们的健康。

轻盈娇小，肚子呈奶油色，背部贯穿一条与众不同的黑斑。在野外，蜜袋鼯几乎同叶子和树枝等自然环境融为一体，肉眼很难辨别出来。

蜜袋鼯的前额、胸部及泄殖腔有臭腺。雄鼯以臭腺来划定地盘。雄鼯前额的臭腺很明显，因为那地方是秃的。雄鼯的阴茎分叉。雌鼯腹部中央有育幼袋。

蜜袋鼯每脚有五趾，除了后脚的对趾外，每趾都有爪。后脚第二及第三趾是部分融合的。最特别的是它们

知识档案

蜜袋鼯
目 有袋目
科 袋鼯科

分布 新几内亚岛和南澳洲
栖息地 森林，特别是有桉树的森林。
体型 身长为12~13厘米，尾长15~48厘米。
体羽 一般都呈蓝灰色，但也有呈黄色、黄褐色或白色。由鼻至背部中间有一道黑间。腹部、喉咙及胸部呈奶白色。
食性 植物和昆虫。
繁殖 每年繁殖1~2次。妊娠16天后，可产下1~4只。
寿命 野生蜜袋鼯寿命大约只有5年。人工饲养的蜜袋鼯可以达12年以上。

的翼膜，由第五指伸延至第一趾。当脚伸直时，翼膜就可以帮助它们滑翔50米。作为树栖动物，蜜袋鼯会狠劲蹬其强有力的后腿，从一个高树枝滑翔至另一个高树枝。长长的尾巴有助于蜜袋鼯在四肢着陆前，掌握身体的方向和稳定性。蜜袋鼯在拉丁文的意思就是"长着小脑袋的走钢丝者"。

在寒冷季节、干旱或雨夜，蜜袋鼯的活跃性会降低。由于在寒冷季节及干旱时，食物供应会减少，这对它们的新陈代谢、运动及控制体温都构成压力，故此它们会休眠2~23小时。在进入休眠前，蜜袋鼯会减低活动及体温，以降低能量消耗。休眠其实是一种紧急措施，让蜜袋鼯可以降低体温至最低的10.4℃~19.6℃来节约能量。当食物变得稀少时，如在冬季，它们就会降低热量来减少能量的消耗。若要降低能量及热量的生成，蜜袋鼯必须于秋天（5月或6月）增磅，以能于冬季生存。

● 喜群居不爱独居

蜜袋鼯属于群居性动物。典型的族群成员，包含了一只地位最高的雄鼯，两只排行老二的雄鼯，以及四只成熟雌鼯。只要食物充足且家族成员能和平相处，族群数目可能多达12只。

雄性及雌性蜜袋鼯性成熟的年龄各有不同。雄鼯到了12~15个月大就会达到性成熟，雌鼯则只要8~12个月。在野

↗ 蜜袋鼯滑翔示意图。

发光滑翔家——大袋鼯

在素有"有袋王国"之称的澳大利亚，生活着三种被誉为"滑翔家"的有袋类动物，它们是小袋鼯、袋鼯和大袋鼯。它们虽然都会滑翔，但后者比起前两者来说，无论是在滑翔高度，还是在滑翔距离上都要略胜一筹。尽管大袋鼯的体重有1.5千克，但它的滑翔本领仍然很高明。在长达100米的滑翔途中，照样不失飘逸、轻盈的滑翔特色。

大袋鼯喜欢在夜间活动，它的眼睛在夜间的灯光下，能发出一种磷光，犹如"探照灯"指明了滑翔的方向。它们栖居于澳大利亚东部山区和丘陵地带中，起伏较大的地形和稀疏的树木，能够给它们提供滑翔的广阔天地。同时，大袋鼯的翼状褶由前肢肘部延伸到后肢的踝部，在飞行时往往呈前部尖的锐角三角形。这也是大袋鼯能够远距离滑翔的重要原因之一。

大袋鼯体长可达1米，母鼯的育儿袋虽然有两个乳头，但每次只产一只幼仔。幼仔在育儿袋里紧紧地叼着乳头，6个星期后才开始睁开眼睛。长到4个月时，小兽从育儿袋里钻出，以后还要在母亲背上逗留很长一段时间，才能独立生活。大袋鼯食性单一，除吃一种散发薄荷气味的桉树叶外，其他任何植物都不愿意吃。它的这一特性，决定了它只能永远充当澳大利亚的"土著居民"，人们也无法在动物园里欣赏这种奇异的动物了。

外，蜜袋鼯一年会繁殖1~2次，但要视乎气候及栖息地。饲养的甚至可以一年繁殖3次。

雌性蜜袋鼯一胎可以生1~4只幼鼯，不过一般是1~2只。妊娠期为15~17天。雌性蜜袋鼯的肚脐位置上长有一个育儿袋，幼兽都是以早产儿的状态出生，初生幼体会自行爬入袋囊中，然后在囊内哺乳而逐渐成长。幼鼯会在育儿袋内连着母鼯的乳头，幼鼯会留在此处60~70天，然后逐渐离开育儿袋。母鼯在幼鼯离开后的12天就会再次怀孕。幼鼯的眼睛在12~14天仍未能打开，初期也是差不多完全没有毛。它们会逐渐长出毛皮及长大。它们需要两个月才能完全断奶，四个月大才能自行生活。

蜜袋鼯并非濒危。虽然澳洲的栖息地在过往200年间严重消失，几种蜜袋鼯的近亲现正濒危，包括利氏袋鼯及澳洲袋鼯，但蜜袋鼯可以栖息在细小的丛林。现在在澳洲以外，蜜袋鼯成为受大众欢迎的宠物，但是蜜袋鼯在澳洲是受到法律保护的，在没有许可的情况下人们是不能饲养或捕捉它们的。

鸭嘴兽

> 自从第一个鸭嘴兽样本（一张干皮）在1798年左右从澳大利亚殖民地送到英国开始，这种动物就一直被争论环绕着。刚开始的时候，人们竟然认为那是把鸭嘴与哺乳动物身体的某些部分缝合起来的一件赝品！

以前的研究者们作出推论：鸭嘴兽是产卵的（这是正确的），因此它就不可能是哺乳动物（这是不正确的）——当时所有的哺乳动物都被认为是胎生的（也就是产下活体的幼崽）。但是最后，鸭嘴兽终于被承认是一种哺乳动物，因为人们发现它具有一个主要的特征——乳腺，而正是凭借这个特征哺乳类动物才获得了它们的名字。鸭嘴兽同样长着乳腺！

● 游泳健将

鸭嘴兽只有1.7千克重，比大多数人想象的要小。雌性比雄性体型小，幼崽在刚开始独立生活时大约是成年兽体的85%大小。这种动物的身体是流线型的，除足与喙之外的所有部位都覆盖有浓密而防水的毛发。嘴部表面上看起来像鸭子的喙，鼻孔在其顶部。嘴部柔软而易弯曲，表面覆盖着一排感受器，这些感受器对电刺激和触觉刺激都有反应，能用来在水底定位食物和确定方向。潜游的时候，其眼睛、耳朵和鼻孔闭合。嘴的后边是2个内生的颊囊，开口通向它们的嘴。这2个颊囊内有角质褶皱，在作用上可以代替那些消失了的牙齿（这些牙齿在鸭嘴兽还是幼崽时就消失了）。当鸭嘴兽咀嚼和拣选食物时，这些颊囊就用来储存食物。

鸭嘴兽四肢很短，并距离躯体很近。后足只是部分有蹼，在水中仅用做方向舵，而前足有大蹼，是向前推进的主要用具。鸭嘴兽在行走或者挖掘洞穴的时候，前足上面的蹼能回翻露出大而宽的趾甲。雄性的后脚踝生有一根角质的刺，这个刺中空并由一

↗ 鸭嘴兽突出的喙柔韧圆滑而且触觉敏锐，它是这种动物在水下潜游及确定食物位置的主要感觉器官。

个输送管连接到大腿的毒腺上。它的毒液会导致人极端疼痛，已经发现毒液中至少有1种组成成分直接作用于痛觉感受器，而其他的组成成分则会导致炎症与肿胀。它的尾巴宽而扁平，可以用来储存脂肪。

● 对幼崽照顾得无微不至

鸭嘴兽觅食主要在夜间，其猎物几乎全部由水底栖息的无脊椎动物组成（特别是昆虫的幼虫）。鸭嘴兽的巢区一般随河流系统的不同而变化，范围从小于1千米到超过7千米不等。很多个体24小时之内能在河流中游过3～4千米以寻食。2种非本地的鲑鱼与鸭嘴兽食物相同，有可能是鸭嘴兽的食物竞争者。尽管有此食物上的重合，鸭嘴兽在许多引进这两种鲑鱼的河流里还都并不少见。

对一个河流系统的研究表明，鲑鱼更多的是吃无脊椎动物中的浮游类，而鸭嘴兽几乎完全以栖息在河底的那些无脊椎动物为食。水禽也可能跟鸭嘴兽的食物种类相重合，但是大部分水禽也吃植物，而鸭嘴兽似乎并不吃植物。

鸭嘴兽占据的某些地区冬天的水温接近于冰点，当鸭嘴兽暴露于这种寒冷的气候条件下时，它能通过提高新陈代谢率产生足够的热量，以使体温保持在正常情况下的32℃左右。良

知识档案

鸭嘴兽
目 单孔目
科 鸭嘴兽科
只有1属1种。

分布 澳大利亚大陆东部（从库克敦到昆士兰）到塔斯马尼亚岛；被引进到澳大利亚南部和袋鼠岛。

栖息地 栖息在大部分的溪流、河流和一些湖水不流动并且堤岸适于筑巢的湖中。

体型 体长与体重因地区而不同，而且体重随季节而变化。雄性体长45～60厘米，雌性39～55厘米；雄性喙长平均5.8厘米，雌性5.2厘米；雄性尾长10.5～15.2厘米，雌性8.5～13厘米；雄性体重1～2.4千克，雌性0.7～1.6千克。

皮毛 背部暗褐色，下腹银色到淡褐色，长有锈褐色的中线，幼崽皮毛颜色较浅。毛短而密（大约1厘米）。眼和耳槽下有浅颜色的皮毛块。

繁殖 怀孕期未知（大概2～3个星期）；孵化期未知（很有可能在10天左右）。

寿命 10年或更长（人工圈养的情况下17年或更长）。

好的皮毛和隔热组织（包括高度发达的逆向血流）可以帮助它保持身体的热量，而它的洞穴也提供了一个局部小气候，可以冲抵一些冬天和夏天外部的极端温度。

人们一般认为在澳大利亚北部的鸭嘴兽比南部的交配期要早，但有时它们的交配发生在冬末到早春之间（7～10月）。交配在水中进行，程序包括雄性追逐雌性，然后抓住雌性

↗ 鸭嘴兽有流线型的身体,身上长长的护毛掩盖着厚而干的下层绒毛,而这些绒毛可以使鸭嘴兽的身体与冷水隔绝。

的尾巴。雌性每次产2枚卵(偶尔是1枚或者3枚),每枚卵的大小为1.7厘米长,1.5厘米宽。幼崽孵化出来后以乳汁为食,它们从母兽的由皮毛围绕的乳腺(无育儿袋)开口处吮吸乳汁3~4个月。哺乳期间幼崽待在一个专门用来繁殖的洞穴里面,这个洞穴一般要比休息用的洞穴更长、更复杂。有报告说,这样的洞穴最长的甚至可达30米,并有一个或者数个分支穴室。幼崽从这个洞穴中出来的时间是在夏季。

尽管幼崽从入水时起确实以水底的生物体为食,但在离开洞穴之后,它们在多长时间内继续吮吸母兽的乳汁还不为人知。单只鸭嘴兽会在一个地区使用许多休息用的洞穴,但是据观察,繁殖期的雌性只使用一个固定的巢穴。

尽管一般情况下每次产2枚卵,但我们不知道每年有多少只幼崽能成功地活到断奶。并不是所有的雌性每年都繁殖,雌性至少长到2岁大的时候才开始繁殖。

澳洲野狗

> 澳洲的野狗外貌跟家养土狗相似，但叫声让人不寒而栗，那是一种如狼的嚎叫。以往野狗并不袭击人，但从20世纪90年代开始，攻击人的报告不断……

澳洲野狗虽被称为狗，可却是灰狼的亚种。雄性澳洲野狗明显高大于雌性，体长81~111厘米，尾长31厘米，肩高40~65厘米，雄性体重12~22千克，雌性体重11~17千克。澳洲野狗具有优雅的长脚，动作非常敏捷，其运动、速度和耐力都极优秀。皮毛体色丰富，总体是典型的沙质色，包括姜色、金色、红色、褐色、乳白色，甚至还发现过纯黑和纯白色的个体，外貌与普通家犬无异。胸部的霜毛、脚和尾巴尖颜色较淡。个别的澳洲野狗身上有黑褐色和白色的斑纹。澳大利亚的澳洲野狗往往比亚洲的野狗大，浓密的尾巴比其他野狗更近似狼，该物种具有食肉类动物才具有的较大的犬齿。而且与家犬尤为不同的是，家犬是吠叫，而野狗则是嚎叫。

● 祖先竟是外来宠物狗

现代动物学家认为，第一只澳洲野狗有可能是被亚洲人驯化的宠物犬。根据研究报告，澳洲野狗的祖先可以追溯到5000年前的一小组动物中的一只雌性狗中。而这个时间又恰好与东南亚移民者通过大陆桥到达澳洲的时间相吻合。因此，科学家们推断澳洲野狗其实有着亚洲的血统。当时，一群东南亚移民之所以带着狗来到了澳洲，可能是把它作为猎犬，也可能是把它作为晚上取暖的"活毛毯"。

3500年前，在塔斯马尼亚岛上并没有这种物种，然而在除了澳洲的其他地方，野狗的历史可以上溯到12000年之前。而且，在没有人为因素的情况下，大型动物不可能从世界的其他地方自己到达澳大利亚。研究人员认为，澳洲野狗最有可能是通过早期移民者的船只到达澳洲的。澳洲没有大型猛兽，而且野狗也从来没有在澳洲出现过，于是野狗在澳洲不受限制地繁殖和扩散，成为澳洲第一大肉食性捕猎动物。经过几千年，原来的亚洲家狗已经进化成独有的"澳洲野狗"。

澳洲野狗栖息于热带森林、草原、沙漠、高原等自然环境中，适应能力非常强,还有的敢于在村庄附近活动。澳洲野狗集群生活,每群有3~12只,由一对夫妇领导,等级制度森严,群体占据10~20平方千米的领地,晨昏活动觅食,正午炎热时分则躲在阴凉处休息。

在澳洲野狗的群体里面,每个狗群只有一对有统治权的野狗能繁殖后代,其他野狗都帮助首领共同抚育幼崽。母首领有时候会杀死不是她亲生的幼崽。行为特征比较像原始的犬。每年繁殖一胎。繁殖季节依纬度和季节变化情况而定。

澳大利亚的野狗于3~4月间发情交配,而亚洲种群则推迟到8~9月,母狗的妊娠期平均为63天,每胎1~10仔,通常4~5仔,小狗由全体成员悉心照料,三个星期大时小狗第一次走出洞穴。在出生八个星期后,小狗断奶彻底离开洞穴。主要在成年犬的陪伴下在离洞穴三千米以内的范围漫游。在新生小狗9到12个星期大时群体中的成年犬会为它们带来大块的固体食物,通常大狗把食物囫囵吞下再反刍给小狗。哺乳期约2个月,3~4个月大时即可独立活动,2岁左右性成熟,平均寿命10年,圈养最高纪录15年。

虽然名字叫澳洲野狗,但实际上这一物种并不局限分布于澳大利亚本土,中国、缅甸、越南、泰国、菲律宾、柬埔寨、印度、老挝、印度尼西亚、马来西亚、巴布亚新几内亚岛均有分布。野生种群主要生存在澳洲和泰国,不过有部分群落分散分布在东

↗ 如果不采取措施防止澳洲野狗和家狗的杂交,那么澳洲野狗在未来50年可能会走向灭绝。

南亚其他地区和新几内亚岛。

澳洲野狗的食谱很丰富，几乎找到什么就吃什么，除了捕食鼠、兔等小型哺乳动物以及鸟类外，狗群经常合作捕猎袋鼠、袋熊、绵羊、牛犊、巨蜥等大型猎物。分布在澳大利亚的种群60%的食物是高蛋白的肉类，而亚洲种群则主要以水果、鱼、甲壳类、蛙类、蜥蜴类以及人类的垃圾为食。

澳洲野狗的主要天敌是人和鳄鱼，还有家犬和胡狼。有时候不同群落的野狗也会相互残杀。老鹰也会抓走小野狗。

● 可怕的袭击伤人报告

澳洲野狗跟人类共同生活了几千年，对人类非常熟悉，也知道能够从人类那里轻松获得食物。野狗可算是"无耻"而且熟练的小偷，它们大胆地出现在人类居住的地方，能够抓紧每一个机会偷取食物，对一点食物残渣也不放过。早期它们有土著人"施舍"免费大餐，两者保持距离，于是也没有冲突。直至20世纪80年代，没有任何报告和传言说野狗袭击人类。但从90年代开始，野狗的行为出现了异常，野狗袭人的报告不断。1998年3月，两名英国旅游者在弗雷泽岛上遭遇野狗袭击；1998年4月，一个13个月大的婴儿和一个3岁的挪威男孩分别被弗雷泽岛上的野狗咬伤；1999年2月17日，一名德国游客也在弗雷泽岛上被咬伤。据弗雷泽岛的管理人员称，他们已接到近300起野狗伤人的报告。

由于野狗袭击人类的报告不断出现，澳大利亚全国曾经引起了一场是否诛杀肇事者———澳洲野狗的大争论。野狗的袭击行为让人们惊恐，可是专家表示，导致野狗袭人的，正是人类自己本身。因为游人的行为在过去20年里大大改变了野狗的生活习惯。传统上，野狗是怕人类的，一般和人的距离不会近于20米。但是由于越来越多的游人喜欢喂狗或与它们合影，野狗不再怕人。有的游客竟然趴在地上，嘴里含着食物引诱野狗。

知识档案

澳洲野狗
目 食肉目
科 犬科

分布 澳洲、东南亚地区和新几内亚岛。
栖息地 热带森林、草原、沙漠、高原等自然环境中。
体型 体长81～111厘米，尾长31厘米，肩高40～65厘米。雄性体重12～22千克，雌性体重11～17千克。
体羽 姜色、金色、红色、褐色、乳白色，偶尔有纯黑和纯白色的个体。
食性 小型哺乳动物、鸟类、植物和昆虫。
繁殖 于3～4月间发情交配，而亚洲种群则推迟到8～9月，母狗的妊娠期平均为63天，每胎1～10仔，通常是4～5仔。
寿命 平均寿命10年，圈养最高纪录15年。

渐渐地，越来越多野狗离开它们的栖息地，肆无忌惮地靠近人类。这使它们对人类的警戒大降，常常在露营地附近窥探着，等待露营者抛来或者不小心漏下的食物。

野狗喜欢偷取东西，也不仅仅因为它们嘴馋，有时候是因为它们好奇和顽皮的本性。它们会将露营者的床单、气垫床撕成碎片，拖鞋也成为它们追逐打闹的玩具，有时连相机也遭遇它们的"横手"。恼羞成怒的人们对其进行驱赶，会引起它们的仇恨，它们会夹着尾巴逃跑，可是不久又会出现，在附近虎视眈眈。

它们还喜欢挑选目标，跑到人们身边，想逗人玩。可是如果人类回应不当，野狗便立刻从"朋友"变成致命的敌人。例如人们看到野狗，觉得好玩，用食物引诱它们靠近，然后伸出手去摸野狗。野狗不喜欢被抚摸，特别是抚摸头部的行为会被误认为敌对攻击，野狗于是毫不犹豫地化身成凶猛的狼。如果人类响应野狗的挑逗，跟它们跑跑闹闹，它们会将人类当成自己同伴，扑上来又抓又咬。可怜人类并没有野狗的厚皮毛，接受不了它们的友好玩闹。野狗喜欢追逐，如果人类转身跑走，它们会兴奋不已地穷追不舍，直到咬住逃跑者的脚关节为止。

● 保护纯种野狗刻不容缓

近年来，纯澳洲野狗的数量处在下降之中，主要原因是它们与凶猛的欧洲家狗自由交配，造成数量众多的杂种狗。专家指出200年来人们的射杀、围捕和投毒，都没有杂交给澳洲野狗所带来的威胁大。如果不采取

↗ 澳洲野狗从外表上看与亚洲的一般土狗没有太大差别。

措施防止澳洲野狗和家狗的杂交，那么，澳洲野狗在未来50年可能会走向灭绝。

野狗是澳洲重要的自然资源，一旦灭绝，将会引致其他物种的连锁灭绝和另一些物种的繁殖泛滥。英国殖民时期，迷恋打猎的英国人引入了狐狸和猫，这两者在澳洲大量繁殖，导致了小型哺乳类动物，特别是有袋类动物数量大减。因为野狗是目前澳洲最顶端的猎食者，只有野狗能够捕猎狐狸和野猫，使其数量得到控制。

几千年来，澳洲生态和食物链已经稳定形成，一旦野狗消失了，食物链的平衡被打破，必须用几千年的时间，澳洲的生物界才能适应新的情况。野狗对澳洲生态平衡的重要性，就如同狼在美国的情况一样，是不可逆转的。

现在，位于昆士兰州东北部的弗雷泽岛，保存了澳洲70%的纯种野狗。弗雷泽岛约16.7万公顷，虽然与大陆隔绝，可是离大陆不远，初期野狗能够游泳到达小岛，并且安全地生活下来。由于弗雷泽岛独立于人口繁密的大陆，野狗能够避免跟家犬杂交，成为澳洲野狗甚至是上一级灰狼种类中最纯正的品种。为了保护纯种野狗，澳大利亚政府在弗雷泽岛建立了国家沙地公园，使这里成为澳洲最大的野狗保护基地，并在1981年出台政策，禁止人们带家犬进入弗雷泽岛国家公园。

要让野狗回到森林，恢复原来的生活习惯，最重要的是减少野狗对人类喂食的依赖。公园禁止游客对野狗喂食，禁止游客将食物放在或留在露天，还派出管理人员在岛上巡视，对犯规者进行罚款。公园划分了露营地，规定游客在固定的营区露营；公园修葺了丛林里的沙路和石路，避开野狗的栖息地，并在路口增加了标示和警告；在游客进入公园的咨询处还有专员对游客讲解注意事项，派发有关野狗的教育资料；公园改善了园内设施，用带盖子的垃圾桶替换了旧时简易垃圾桶，并规定游客收集好自己的食物和垃圾，集中弃置在有盖垃圾桶中。

另外公园跟研究机构合作，进一步跟踪和研究野狗的行为。其中一个项目是将岛上所有的野狗别上耳卡，随时监控它们的行踪，这也有助调查野狗袭击人类事件，找出"真凶"和"犯案动机"，避免"惩罚"无辜的野狗。

澳洲内陆太攀蛇

> 利用毒性进攻和防御是比较古老的方式,现代高等的动物如鸟兽中已经几乎没有"靠毒液吃饭"的种类。澳洲大陆很早就和其他大陆分开,动物在封闭环境下进化相对滞后,因此才有不少原始种类,包括较多的有毒种类,毒蛇就是其中最有代表性的一种生物。

澳洲内陆太攀蛇栖息于澳大利亚中部人迹罕至的干燥平原、草原、荒漠及干枯河床等地。它们常栖身于鼠穴(洞穴原来的主人经常会被它们吃掉)、较深的地表裂缝或凹洞,有时也寄居于石缝和墙洞中。澳洲内陆太攀蛇以蛙、蟾蜍、小哺乳动物为食。经常在河滩地上干硬的泥巴裂缝中猎食啮齿类及小型有袋动物。

● 最毒毒蛇,一触即死

澳洲内陆太攀蛇的形体比普通太攀蛇要小,成蛇也仅为2米左右,头部扁平,略尖,眼睛相对较大,鳞片有灰色到黄褐色,这些鳞片有时会镶有细黑边。躯干部为褐色或橄榄绿色,腹部为黄白色,而头部则为黑色或有黑色斑纹,毒牙长7~13毫米。

澳洲内陆太攀蛇是陆地上最毒的蛇。它的毒液使受试生物死亡所需的绝对量只有0.0021毫克/千克,但排毒量却能达到125~400毫克,比响尾蛇毒性强300倍,约相当于眼镜王蛇的20倍,与钩鼻海蛇的致死情况不相上下,在动物毒素学上足以排到前十位。它每咬一次受害者,其一次排出的毒液能在24小时内毒死20吨的猎物,这相当于25万只小白鼠、100个成年人或两头非洲大象的重量。

澳洲内陆太攀蛇的毒素种类为神经毒素和心脏毒素。它的毒液分子是从一个名叫尿钠排泄缩氨酸的蛋白质家族进化而来,在脊椎动物中,这

↗ 尽管毒性很强,内陆太攀蛇的性格则比较温柔,如果你不捕捉它们,它们是不会轻易被激怒的。

知识档案

澳洲内陆太攀蛇
目 有鳞目
科 眼镜蛇科

分布 澳大利亚中部。
栖息地 栖息在干旱的平原和草地。
体型 2米左右。
体羽 灰色到黄褐色。
食性 以蛙、蟾蜍、小哺乳动物为食。
繁殖 卵生，每次产约12~20枚卵。
寿命 15年左右。

些缩氨酸的作用是使心脏周围的肌肉松弛的。这些神经毒素主要作用于神经和肌肉接合点，抑制和麻痹神经末梢，阻断肌肉与神经的联系。患者一开始会头疼、恶心、呕吐，继之以腹痛、晕眩和视力模糊，严重者还会痉挛和昏迷，并最终导致呼吸系统瘫痪。它还会造成受害者大出血、严重的肌肉损伤及肾衰竭，它的毒素中还含有能破坏肌肉组织及阻止血液凝固的毒蛋白。

澳洲内陆太攀蛇不仅是陆地上毒性最强的蛇，而且咬对手时注入的毒液数量也较多，一次所注入的毒液最多可达几百毫克，毒性之强烈，常常是它对猎物发起袭击后尚未松口，猎物已丧命，或猎物尚未察觉自己遭受伤害，就因毒性发作失去知觉。

● 闪电般的攻击与防御

澳洲内陆太攀蛇在捕食或受到惊扰时会将前半身成S形挺立起来，攻击速度极快，几乎快到人眼无法看得见，是世界上攻击速度最快的毒蛇，往往猎物还没来得及反应，已被它的毒牙连续咬了两三下。当它采取防御

如何识别毒蛇

对不同的毒蛇，防治的方法也有所区别。只有正确识别毒蛇，才能进行对症防治。毒蛇的标志器官是毒牙，按其形态，可以分为沟牙和管牙，按其在上额骨着生的位置，可分为前毒牙和后毒牙。但是这种鉴别在应用上很不方便。另一种方法是从蛇的外形和色斑上来鉴别。在野外施工、旅游时，一旦被蛇咬伤要迅速判断是否毒蛇咬伤。如何判断呢？

一是看蛇形：毒蛇的头多呈三角形，身上有彩色花纹，尾短而细；无毒蛇头多呈椭圆形，身上色彩单调，尾细而长。最好将咬人的蛇打死以供诊断参考。

二是看伤口：毒蛇咬伤的伤口表皮常有一对大而深的牙痕，或两列小牙痕上方有一对大牙痕，有的大牙痕里甚至留有断牙；无毒蛇咬伤则无牙痕，或有两列对称的细小牙痕。如果蛇咬伤发生在夜间无法看清蛇形，从伤口上也无法分辨是否为毒蛇所伤时，万万不可等待伤口情况是否发生变化来判断是否被毒蛇咬伤，此时必须按毒蛇咬伤进行处理。

↗ 内陆太攀蛇的形体并不算大，毒性却是最强，如果不幸被它咬一口，基本上不会有生还的可能。

姿势时，身体会高高地抬离地面。这种蛇与其他蛇不同，一般的蛇攻击时都会咬着猎物不放，而将毒液注入，但太攀蛇只要咬一口就能将毒液注入，所以太攀蛇会先咬一口，然后立即后退看看情况如何，等到猎物倒下，太攀蛇就会上前将其吃掉。

在连续攻击方面，澳洲内陆太攀蛇也是速度最快的蛇，这是因为曾经有人类被这种蛇咬了之后，那人说被咬了一口，但实际观察时，发现已被咬了3~4口。被太攀蛇咬到后，所出现的症状亦有别于其他蛇，被它咬到后，你的血液并不会凝固，但你的七孔会微出血，再过一会后你会看见四周的事物出现重叠影像，之后你全身的机能会慢慢停顿，导致瘫痪窒息而死。当你被太攀蛇咬到后，若几分钟内没注射到太攀蛇抗毒血清及得到适当治疗的话，那就必死无疑了。

太攀蛇的天敌为秃鹰和狐狸。狐狸狡猾，有时极为凶残，它的速度很快，因为身材短小，所以，敏捷的爪子和坚硬的牙齿成为它的最大武器。秃鹰有着不可轻视的强有力的爪子，加上尖锐的嘴，打造了这个凶狠的天生猎手。但是，太攀蛇也不可轻视，它与狐狸或秃鹰厮杀的时候，会用尽全身力气咬住天敌，使天敌丧命，之后，它就匆忙离开！

新西兰大蜥蜴

新西兰大蜥蜴是楔齿蜥属的两种似蜥蜴的动物——斑点楔齿蜥以及冈瑟氏楔齿蜥，是三叠纪初期出现的喙头类残留下来的唯一代表，人称"活化石"，曾经与早期恐龙同时生存在地球上。它是喙头目唯一现存的爬行类动物，仅见于新西兰的某些小岛。

● 做什么都要慢慢来

新西兰大蜥蜴在白天时分行动迟缓，处于休息状态，而在晚上则异常活跃，捕食虫子、蜘蛛、蛇以及蚯蚓。它们居住在由海鸟搭建的洞穴中，尤其是以海燕搭的窝为多。在夏日，鸟类和蜥蜴共同分享洞穴。只有在蜥蜴无法找到鸟巢居住的时候，它们才会自己挖洞穴。

大蜥蜴有两个品种，分别为斑点楔齿蜥以及冈瑟氏楔齿蜥。从前，楔齿蜥一直被认为是单一种斑点楔齿蜥，但专家权威们现在承认还有另一种外形近似它的冈瑟氏楔齿蜥。它们都属于唯一的现存喙头目动物。目前对于冈瑟氏楔齿蜥的了解并不多，但一般认为与斑点楔齿蜥的习性相近。

成年雌体体长40厘米左右，成年雄体体长60厘米左右，体色呈灰色或橄榄绿色，体重在1千克左右。像鱼和两栖动物一样，蜥蜴是冷血动物。也就是说，它们的体温由环境温度来决定。不过，有些种类的蜥蜴能存储太阳的热量，让它们慢慢释放出来。

斑点楔齿蜥的动作缓慢，却非常长寿，一般来说，寿命在100年以上的个体极为普遍。每年的1~3月是斑点楔齿蜥的发情交配期，而产卵却要到10月甚至12月，数量在5~18个，白色柔软的蛋每枚大小约为2.5厘米。蜥蜴蛋一般经过一年之后就可以孵化，体长届时也将达到15厘米。它们的身体呈棕色或者灰色，并且在喉部还有条型

↗ 在人类把老鼠和其他哺乳动物带到新西兰之前，新西兰大蜥蜴曾遍布新西兰全岛。然而，现在只能在新西兰周围偏远的小岛上找到这种爬行动物。

知识档案

新西兰大蜥蜴
目 楔齿蜥目
科 楔齿蜥科

分布 新西兰
栖息地 海岸边
体型 40~60厘米。
体羽 身体呈灰色或者橄榄绿色。
食性 食用各种昆虫以及幼虫。
繁殖 春季繁殖，10~12月产卵，数量5~18个，孵化期12~15个月。
寿命 可达100年。

斑纹。斑点楔齿蜥的孵化期长达12~15个月，生育周期在两年左右，平均算来，雌斑点楔齿蜥每四年产一窝蛋，繁殖周期在爬行类动物中是最长的。

斑点楔齿蜥生性好斗，所以它们总是单个生活在洞穴。洞不仅是每一只斑点楔齿蜥赖以遮风避雨的家，也是它们抵御侵略者的阵地，斑点楔齿蜥是夜行性动物，如果天气非常好的话，它们也很乐意在洞口晒晒太阳。

在与哺乳动物进行的生存斗争中，大蜥蜴主要的不利之处就是新陈代谢太慢。楔齿蜥是现生的爬行动物中最原始的类型。它们的大脑很小，不像是蜥蜴类动物的，而更接近于两栖动物的大脑。它们的心脏和循环系统也未发育完全，这意味着它们完全属于冷血动物。同时，它们所居住的岛屿经常遭遇风暴的袭击而且极其寒冷。迫不得已，"慢慢来"就成了它们的座右铭。它们生长发育的速度比其他任何爬行动物都要慢。它们需要经过15年才能达到性成熟，甚至即使到了性成熟之后，雌性也要每四年才能产下一窝卵，而且孵化的过程需要花上超过一年的时间。它们捕猎的方法是在夜晚潜伏在洞穴的外面等待甲虫、蠕虫和蟋蟀，或者最好是一只幼小的、正在蹒跚学步的楔齿蜥经过那里。它们防御的方法是躲藏在洞穴里等待着危险的消失。它们根本不可能跟活蹦乱跳的老鼠对抗。1981年，旺格鲁伊岛上尚有200只楔齿蜥生存，而到了1984年，它们全部消失了，取代它们的则是一群老鼠。

● 大蜥蜴不是真正的蜥蜴

斑点楔齿的长相类似于两亿年前的古爬行动物。斑点楔齿蜥的名称虽然带有"蜥"字，其实并不是蜥蜴。新西兰大蜥蜴与一般的蜥蜴完全不同，它们之间的区别包括：新西兰大蜥蜴中的雄性没有通常意义上的生殖器。与那些拥有从泄殖腔壁向外翻出的半阴茎的蜥蜴不同，楔齿蜥没有阴茎，它们的交配过程就是将泄殖腔挤压在一起，就像鸟类和（也许是）恐龙一样。还有就是，大蜥蜴背上有长而尖的羽毛。

两者明显的区别还在于斑点楔齿

蜥具有第三眼睑，两眼之间还有一个类似于松果状的眼。尽管在它们6个月大的时候这只眼睛就被上面生长的鳞片所遮盖，但它的确是一只真正的眼睛，具有晶状体、视网膜和一条连接大脑的神经。它们对光线有感觉，这或许有助于它们调节体温。也有许多科学家认为这第三只眼睛能帮助大蜥蜴辨别时间。

另外新西兰大蜥蜴没有牙齿，只有连在一起的锯齿状的下颚骨；老年楔齿蜥的这些颚骨"牙齿"已经磨损得很平滑了，它们就只好用"牙床"来咀嚼蛞蝓和蚯蚓。

● 可能全部变为雄性

大蜥蜴的雌性能够和睦相处，雄性则更多的是充满攻击性，因此雄蜥不仅需要以此来吸引异性，还要在同性中以此进行竞争。

发情求偶期间，雄蜥甚至不顾长途跋涉去与其他雄蜥争斗。其实它们为了鼓舞士气，往往先胀大喉部的液囊，挺起脊椎骨，发出沙哑声音，然后向前猛冲。虽然楔齿蜥有锋利的爪，但它们的上下颚在打斗中才是利器，大部分年长的雄蜥身上都留有这些暴力的疤痕。

大蜥蜴求偶时会尽可能在洞口前用四肢支撑身体使之离开平时所趴伏着的地面，以吸引雌蜥的注意。一旦博得雌蜥好感而靠近时，雄蜥就会用一种特有的僵硬步法围绕着它爬行，得到它的青睐，雌雄蜥就会两厢情愿

↗ 新西兰大蜥蜴是地球上最古老的生物之一，早在恐龙时期就已经出现。

地进行交配。由于雄蜥没有阴茎或交配器官，交配时，雄蜥攻击性地咬住雌蜥的颈部，把它翻转，再用尾巴包起它，精子通过雄蜥身体流入雌蜥泄殖腔。

之后，雌蜥在10~11月寻找一个合适的海鸟窝，在几晚时间用自己的前肢挖掘与抛运洞内的泥土，将其改造成一个大约直径20厘米宽、150厘米长的地下洞穴。筑巢的雌蜥不会考虑其他楔齿蜥的巢穴，在掘洞时，难免会挖掘开别家的洞，暴露或打破人家的蛋。"产房"完成，雌蜥才会在洞中产下8~13个蛋，直到12~1月它们才孵蛋，孵化期长达12~14个月。

楔齿蜥新生的蛋虽是白色，但它们很快就会被染成泥土色。当这些蛋快孵出时，它们会吸收泥土里的水分，使蛋的表面变得浮肿。雏蜥在出壳前用鼻尖上坚硬的破蛋器（或称卵齿）来撕裂外壳。接着，泥土色的初生雏蜥钻出泥面，在此期间，蛋囊仍然粘着雏蜥，需几天后变干而掉下。

新西兰大蜥蜴的性别是由卵孵化时的温度决定，温度越高，雄性的比率就越高。一般来说，温度在22.25℃以上的时候，孵化出的后代以雄性居多，而当温度低于22.1℃的时候，雌性比例更大。

目前，这种大蜥蜴已经很少见了，只在新西兰一些远离主岛的小岛上偶尔看到几只。随着全球变暖加剧，大蜥蜴栖息地的温度将不断升高，这种微妙的变化将导致它们的性别彻底失衡。大蜥蜴大部分的巢穴安在很浅的土壤里，目前种群中已经多是雄性。尽管大蜥蜴以前能够忍受恶劣气候，甚至在可能是导致恐龙灭绝的流星撞击中幸存下来。但那时大蜥蜴的数量非常丰富，这使它们有足够的基因变异渡过难关。

据澳大利亚科学家制作的气候模型显示，以现在全球变暖的速度来看，到2085年，地球上的平均气温可能上升4℃。这将足以导致新生的新西兰大蜥蜴全部成雄性。

更糟糕的是，新西兰大蜥蜴的繁殖率很低。平均来说，雌性每4年才交配一次，而卵需要12~15个月才能孵化出来。气候模型显示，全球变暖对大蜥蜴生存有着显著影响，最后的雌性可能在2085年孵化，那时或许还有一两只幸存下来的雌性大蜥蜴。

尽管大蜥蜴本身已经做出将卵置于阴凉之地或者延迟产蛋时间的适应性进化，但这已经不足以帮助它们克服日益严峻的灭绝威胁。有鉴于此，科学家目前正在竭力挽救大蜥蜴。

澳洲伞蜥蜴

伞蜥蜴是大洋洲特有的生物，性格温驯而活泼，经过长期人工饲养的伞蜥，会变得很愿意接近人，所以在宠物市场上也一直是相当热门的宠物。

● **虚张声势的动物**

澳洲伞蜥蜴，属飞蜥科，分布在澳洲北部、东北部和新几内亚岛南部。生活在干燥的草原、灌木丛和树林中。这是种树栖性的蜥蜴，生性较为胆小且显神经质，遭受攻击时会逃回到树上；在平地奔跑时会将前半部身体悬空，只以后肢快速奔跑，看起来和人踏单车一样，所以澳洲伞蜥又叫单车蜥。

澳洲伞蜥的个头中等，成年褶伞蜥的体长可达到80～100厘米，拥有长长细细的尾巴，光尾巴就占了身长的2/3。以昆虫、部分小蛇、蜘蛛和小哺乳动物为食。在驯养的情况下，有时也吃点素食，比如青菜、豆类、水果等。身体微扁并覆盖着细小的鳞。不仅能用后腿站立，前肢和尾悬空，且身体能直立着跑，而且能用颈部周围的鳞状膜进行防御。澳洲伞蜥的头部和颈部被一个可张开的皱边围绕着。颈部周围的鳞状膜皱褶很宽，相当于其身体的宽度，并像披肩那样压在肩上。通常澳洲伞蜥皱褶呈黑色，而当受到威胁或求偶期间皱褶则出现黄、白、鲜红等色彩。被激怒时皱褶竖起，好像头部突然扩大了好几倍，同时张开大口，发出愤怒的"嘶嘶"声。这种突如其来的虚张声势的行为，往往会把许多凶猛的动物都吓上一大跳。如果这招不能奏效，褶伞蜥将依靠它们有力的后腿迅速逃跑，而不是在两腿之间夹着尾巴逃跑，因此，像这样的蜥蜴就可以留下尾巴来转移捕食者的注意力。

● **精子数年不死**

伞蜥蜴有的精子可在雌性体内保

↗ 伞蜥蜴是澳洲最具代表性的蜥蜴。

持活力数年,因此交配一次后,雌性伞蜥蜴可以连续数年产出受精卵。

伞蜥蜴一般在春末夏初进行交配繁殖。在繁殖过程中如果能让它们经历一段低温干燥的期间,可以促进交配行为。交配通常在地面进行,在自然环境中,雌性伞蜥蜴会将卵产在灌木丛或树洞这些温暖而潮湿的地方,每次产下10~13颗卵,卵多为长椭圆形,卵壳钙质较多,壳硬而脆。孵化温度最理想是在27~29℃之间,不要超过30℃,否则有可能造成胚胎死亡,约一个半月幼蜥会孵化出来。在正常的饲养状态下,伞蜥的寿命是15年。

知识档案

澳洲伞蜥蜴
目 有鳞目
科 飞蜥科

分布 澳洲北部,新几内亚岛南部。
栖息地 干燥草原,灌木丛及树林中。
体型 80~100厘米。
体羽 灰黑色、灰褐色或黑褐色。
食性 以昆虫为主,多数个体也会吃青菜、豆类、水果、鱼肉、虾仁等。
繁殖 春末夏初进行交配繁殖。伞蜥蜴产卵于温暖潮湿而隐蔽的地方。卵数由一二枚到十几枚不等。卵壳钙质较多,壳硬而脆,卵多为长椭圆形。
寿命 15年。

↗ 正如它的名字一样,澳洲伞蜥的头部和颈部被一个可张开的皱边围绕着。

澳洲企鹅

> 世界上的企鹅全部分布在南半球，南极与亚南极地区约有20种，其中在南极大陆海岸繁殖的有2种，其他则在南极大陆海岸与亚南极之间的岛屿。

企鹅常以极大数目的族群出现，占有南极地区85%的海鸟数量。1620年法国的标列船长在非洲南端首度惊见会潜游捕食的企鹅时，称其为有羽毛的鱼。其主要食物是小鱼及磷虾，天敌是海豹及杀人鲸；贼鸥则会攻击其幼雏和捕食企鹅的蛋。企鹅通常很长寿，如帝王企鹅可达20~30岁！和鸵鸟一样，企鹅是一群不会飞的鸟类。虽然现在的企鹅不能飞，但根据化石显示的资料，最早的企鹅是能够飞的。直到65万年前，它们的翅膀慢慢演化成能够下水游泳的鳍肢，成为目前我们所看到的企鹅。

大部分人认为企鹅只住在寒冷的南极，实际上只有两种企鹅是真正生活在南极大陆上的。其他种类的企鹅足迹可遍布南半球许多岛屿，如南美洲沿岸，非洲南端，澳洲与新西兰，在气候上跨越了寒带，温带，与热带；分布最北的一种企鹅甚至在赤道附近一个叫加拉帕戈斯群岛的地方。奇怪的是：企鹅从不会跨过赤道线跑到北半球。而在大洋洲，生活着三种珍贵的企鹅品种，它们分别是小蓝企鹅、峡湾企鹅和黄眼企鹅。

● 漂亮的蓝色小企鹅

澳大利亚的菲利普岛面积不大，以半岛的形式伸入海内几千米。岛上没有高大的树木，只有一些矮小的热带灌木遍布全岛。小岛名扬海内外，是因为岛上栖息着上万只澳洲热带企鹅——小蓝企鹅。

小蓝企鹅，又名小企鹅、蓝企鹅、神仙企鹅、仙企鹅、小鳍脚企鹅，是企鹅家族中体型最小的物种。小蓝企鹅的得名是由于它们的羽毛因发生突变而泛着靓丽的淡蓝色。利用高能显微镜，研究人员如今发现，这些小蓝企鹅翅膀羽毛中的纳米级纤维为它们带来了不同寻常的蓝色。与构成人类发丝的物质类似，这些纳米纤维由角蛋白组成，它们捆绑在一起，就像一束束未曾煮过的意大利细面条。小蓝企鹅的颜色源自太阳光中的蓝光照射到纳米纤维时对光线的散射，而此时所有其他波长的光线则都顺利地通过了羽毛。

小蓝企鹅普遍身高43厘米,体重约为1千克。雄性的体型比雌性的略大一点,而它们的羽毛则没什么大分别。其头部和背部呈靛蓝色,其耳部呈青灰色,到腹部则为白色。其鳍外部为靛蓝色,内部的那一面则呈白色。其深灰黑色的喙长约3~4厘米,脚部朝天的一方为白色,脚底和蹼则呈黑色。未成熟的小蓝企鹅的喙会较短,靛蓝色部分的羽毛也比较浅色。跟大部分的海鸟一样,小蓝企鹅的寿命很长。它们平均寿命为6.5岁,但根据鸟类环志的记录,目前为止人类所知小蓝企鹅的寿命最多可长达20多岁。

小蓝企鹅生长在澳大利亚、新西兰,通常只在夜间活动,而且胆子非常小,专门捕食鱼类、鱿鱼及其他小型的水生动物。小蓝企鹅每天都会在破晓前到海里觅食,日落时分回到洞穴,可是生活在处处惊险的浩瀚海洋中,不是所有的企鹅都能顺利地回巢的,有的企鹅已在大海中精疲力竭而死去,或惨遭其他肉食动物果腹。小蓝企鹅的数量目前稳定维持在100万只左右。

1781年,德国自然学家约翰·雷茵霍尔德·福斯特首度对小蓝企鹅进

↗ 小蓝企鹅会出海一整天寻找食物,至傍晚天色暗了之后才回巢。有的企鹅确实要耗费一段时间才会找到自己的洞穴,难耐饥饿的企鹅宝宝已迫不及待地在洞穴外徘徊等候着爸妈回来喂养它们。

行描述。根据该记录，小蓝企鹅有几个不同的亚种，但对于其更精确分类法的争执仍不断。白鳍企鹅有时被视为小蓝企鹅的亚种之一，有时被视作另一独立的物种，有些人甚至会用生物的多态性来解释白鳍企鹅的存在，毕竟澳大利亚和南岛西部的小蓝企鹅看起来也像是两个截然不同的物种。

小蓝企鹅的生态有时因为与人类环境合而为一而各有不同，小蓝企鹅的繁殖季节在春夏季，跟其他企鹅差不多，一次会生下两个蛋。小蓝企鹅一般会在黄昏时回到族群喂子，因为它们以小群聚集，可以提供一定的防御，避免掠食者逐一捕捉幼企鹅。它们的天敌是在巢穴附近虎视眈眈的哺乳类动物：老鼠、短尾鼬、黄鼠狼；成年的小蓝企鹅尚须提防贼鸥及海上的猎食者。

小蓝企鹅在新西兰的奥克兰蒂利蒂利马唐伊岛及查塔姆群岛和澳大利亚南部及塔斯马尼亚州进行繁殖。亦有人曾在智利见过小蓝企鹅的踪迹。虽然不肯定这些在智利发现的小蓝企鹅是不是长居者，不过有人认为智利境内的巴塔哥尼亚地区仍存在一个不为人知的小蓝企鹅繁殖地。近期的记录显示，纳米比亚亦有小蓝企鹅的踪迹。

● 会攀岩的峡湾企鹅

另外一种企鹅——峡湾企鹅，

> **知识档案**
>
> **澳洲企鹅**
> 目 企鹅目
> 科 企鹅科
>
> **分布** 澳大利亚及新西兰。
> **小蓝企鹅**
> 主要栖息在海岸旁的沙丘。身长35~40厘米，体重1千克。背上深蓝色蓝得发亮的羽毛。吃各种鱼类、乌贼和甲壳动物。
> **峡湾企鹅**
> 主要栖息在沿海的温带雨林。体长55厘米左右，高40厘米，重3~4千克。头部、咽喉及身体上部为黑色，下部为白色。
> **黄眼企鹅**
> 主要栖息在海边的灌木丛中。体长约70厘米，体重5~6千克。头部呈淡黄色，瞳孔呈更淡的黄色，身体呈黑色，颚及喉咙呈黑褐色。吃鱼和乌贼。
> **繁殖** 繁殖季节在春夏季，一次生下两个蛋。
> **寿命** 平均寿命6~7年，最高纪录为20年。

它们分布在新西兰最南边的南部湿地区、峡湾和斯图尔特岛。

峡湾企鹅又叫黄眉企鹅，它们在头上或眼睛旁都有彩色的冠毛，眼睛下方有白斑。前肢发育成为鳍脚，适于划水。具鳞片状羽毛，羽轴宽而短，羽片狭窄而密集，均匀分布于体表。骨骼沉重而不充气，胸骨具有发达的龙骨突起，内含有多脂肪的骨髓。尾羽短。脚是粉红色的，跗跖短，并移至躯体后方。趾间具蹼。厚粗短的鸟喙橙色，上嘴的角质部由

峡湾企鹅体型中等,头顶拥有黄色的凤冠,是冠企鹅属成员的象征,部分较年长的峡湾企鹅头上的凤冠毛会低垂至眼睛、脖子。

3~5个角质片组成。舌表面布满钉状乳头,这种结构适于取食甲壳类、乌贼和鱼类等。这种企鹅,也是世界少见的鸟类。

峡湾企鹅主要繁殖于新西兰南岛西南部地区,这里拥有新西兰最大的国家公园,国家公园里面有茂密的雨林,自然环境大体保持了原貌。峡湾企鹅的繁殖地点与众不同,是在森林之中繁殖。在澳大利亚和南极洲之间辽阔的海洋上,峡湾企鹅是绝对不会缺少食物的,这片群岛是一块非常稀罕的乐园。每年夏天,这些孤立的岛屿四周的水面上,到处都是企鹅的身影。它们聚集在一起养育下一代。斯奈尔斯群岛是附近这些企鹅可以抚育子女,仅有的一片岩石。成年企鹅每天要返回巢穴两次,给小企鹅喂食,但与此同时,它们也会因此遭遇到天敌的攻击。海狮有时也以企鹅为食。在离岸50米之外,回家的企鹅们一起在水面上漂荡,直到集结到一定的数目,它们才敢向岸上游去。在混乱的上岸过程中,企鹅正好与它们的天敌海狮正面相遇。尽管到处都是企鹅,海狮也很难抓到猎物,企鹅在水下的身手太敏捷了。

一般来说,身体强健的峡湾企鹅在返回的路途中,是没有太大的危险的。上岸,要非常慎重,还要有一定的技巧。峡湾企鹅的自信,源自于自己结实的皮毛和极富弹性的身体,使它们毫不在乎剧烈的撞击。岸边汹涌的激浪,反而给企鹅提供了登陆的动力。在一天两次的往返途中,这些水中的游泳高手,也显示出了高超的攀爬能力。峡湾企鹅肯定不是最优雅的登山者,但它们的重心低、脚爪有力、意志顽强,最终总能成功登顶。

爬上山顶之后,峡湾企鹅还需要越过泥泞的蕨类丛林。然后,它们得在一片喧闹中分辨出自己孩子的呼唤声。只有这时,妈妈和爸爸才能把带回家的食物,回吐出来,喂给自己的孩子。

关于峡湾企鹅是怎样在数千只企鹅中辨认出自己孩子的,生物学家认为鸟类包括企鹅有着特有的磁性定位测向的功能,这让雌企鹅准确地回到了它生儿育女的栖息地。而凭着雄企鹅的叫声,雌企鹅又准确无误地认出了它的丈夫，找到了它的孩子。经过两个月这样的往返之后，企鹅爸爸和企鹅妈妈都已经接近精疲力竭，小企鹅也准备自己去出海捕鱼了。它们出发的时候都充满了热情。可是学会走路确实需要一些时间。

新西兰没有大型猛兽，原产的动物中唯一对企鹅构成威胁的就是不会飞的新西兰秧鸡，它们会偷食企鹅蛋。峡湾企鹅面临的一些新的威胁，主要是人类带来的外来动物，不过峡湾企鹅的种群大体上是比较稳定的，受到人类的影响不是很多。峡湾企鹅只是许多适应性强、敢于接受南方海域挑战的众多动物之一。

● 爱大呼小叫的黄眼企鹅

黄眼企鹅是黄眼企鹅属下唯一的物种。它们以往被认为是小蓝企鹅的近亲，但分子分析研究发现它们更为接近冠企鹅属。线粒体及细胞核DNA证明它们是约于1500万年前从冠企鹅属的祖先中分化出来的。

黄眼企鹅，被毛利人称为大嗓门，是世界上最稀有的鸟类之一，之所以被称为黄眼，是因为黄眼珠以及眼睛两侧带状的条纹而得名。一只成鸟的体重约为5~6千克重，高约65~70

↗ 黄眼企鹅更倾向于群居生活。

↗ 同是企鹅，黄眼企鹅比小蓝企鹅在体型上要大得多。

厘米，平均年龄在20~25岁左右。

黄眼企鹅居住于新西兰南岛的企鹅保护区内，住在海边的灌木丛中。白天出海觅食，到了傍晚才回到隐秘的巢中过夜。黄眼企鹅属于保育类的动物，体型仅次于皇帝企鹅与国王企鹅。

黄眼企鹅会潜至20~60米深的地方觅食。黄眼企鹅约90%的食物都是鱼类，余下的是头足纲。它们所吃的鱼类有新西兰拟鲈、红拟褐鳕、单鳍双犁鱼及蓝背黍鲱，长度介乎2~32厘米。头足纲约占雏鸟饮食的49%。在大海里，黄眼企鹅的觅食环境并不安全，海中的天敌处处环伺，鲨鱼、海豹、虎鲸都是它的可怕敌人。

黄眼企鹅是以家庭为单位各自筑

企鹅是一种忠贞的鸟

企鹅的求偶方式跟鸟类相似，靠叫声吸引异性，展示自我。不过跟其他雄鸟相比，雄企鹅对待配偶的态度显然要忠贞得多。每年初冬，发情期到来的时候，雄性企鹅凭借叫声就能从成百上千的同伴中找到自己去年的配偶。如果一只企鹅的配偶死掉了，它会守候一年的时间。第二年再去找其它企鹅。

企鹅夫妻或情侣，除了出海觅食时会分散，平时都是出双入对的。当企鹅觅食回来时，往往会急着寻找自己的伴侣，可是，那么多的企鹅，如何寻得？这时，就有依赖伴侣的呼叫声，让它们回到自己身边。每当这时候，就可以听到企鹅的鸣叫声，此起彼落。

在企鹅聚居的地方，企鹅夫妻有的长时间站立着，有的在耳语、打趣，娇憨的模样令人忍俊不禁。企鹅实行严格的一夫一妻制，一雌一雄，出双入对，可以说至死不渝。

在企鹅界，夫妻关系保持最长的是一对生活在麦哲伦海峡区域的企鹅，根据英国科学家的一项跟踪调查显示，这对企鹅保持了16年的夫妻关系，打破了此前人们认为企鹅的夫妻关系最高为10年的纪录。科学家在对5万只企鹅进行长达30年的跟踪调查后发现，这对企鹅"夫妻"在这16年的冬季迁徙中，历经了近32万千米的旅程。

巢生活。黄眼企鹅的忠诚度非常高，除非伴侣有传宗接代上的问题，不然不会另结新欢。黄眼企鹅非常具有家庭概念，每当黄昏时分，黄眼企鹅会成群结队地由海中返回陆上的巢窝。

在新西兰当地的毛利人把黄眼企鹅称作"Hoiho"，意思是大嗓门，因为它们的叫声尖锐且刺耳。黄眼企鹅的叫法是伸长脖子对天大叫，叫时胸肌一鼓一鼓的，且通常一对一分站四方，面对面引吭高歌，乍看像吵架，但这却是它们沟通的方式。当它们不叫时又挺相亲相爱的，常常交头接耳，磨磨蹭蹭。

黄眼企鹅是否会占有领地而一直备受争议。黄眼企鹅之间不会在视线范围内筑巢。它们可能会成群4~6只企鹅一同出海，但却会各自分散地回到自己的巢穴。学者一般都称黄眼企鹅的巢穴为其栖息地而非领地。

黄眼企鹅可以很长寿，有些可达20岁。雄鸟一般较雌鸟长寿，介乎10~12岁的年龄中，雄鸟数目是雌鸟的两倍。

2004年春天，奥塔哥半岛及北奥塔哥的黄眼企鹅感染了不知名的疾病，染病的黄眼企鹅会出现呼吸困难和中毒症状，死去了接近60%的数

↗ 一只黄眼企鹅的成鸟和两只雏鸟。

量。这种疾病与棒状杆菌属的感染有关，但是这似乎只是继发感染，其真正的病原仍未清楚。同样的问题亦在斯图尔特岛出现。

黄眼企鹅是濒危物种，目前估计只有约4000只。它们是世界上最稀有的企鹅之一。其主要的威胁是失去栖息地、掠食者的出现及环境变迁。它们是所有现存企鹅中最古老的。

鸸鹋

留心观察过澳大利亚国徽的人会发现,其左边是一只大袋鼠,右边则是一只鸸鹋。鸸鹋能堂而皇之地走上国徽,得益于它是澳大利亚最大的鸟。它的外表很像非洲沙漠中的鸵鸟,其身高约1.5米,体重数十千克不等。

鸸鹋是鸟纲鸸鹋科唯一物种,以擅长奔跑而著名,是澳洲的特产,是世界上第二大的鸟类,仅次于非洲鸵鸟,因此也被称作澳洲鸵鸟。鸸鹋翅膀比非洲鸵鸟和美洲鸵鸟的更加退化,足三趾,是世界上最古老的鸟种,常栖息于澳洲森林和开阔地带,吃树叶和野果。

● 健步如飞的大鸟

鸸鹋,体高150~185厘米,体重30~45千克。成年雌性比雄性大。鸸鹋形似非洲鸵鸟而较小,属于平胸类,没有龙骨,嘴短而扁,为灰色。足有三趾,腿很长,擅长奔走。羽毛发育不全,有纤细的垂羽,副羽甚发达,头、颈有羽毛、无肉垂。无论雄雌,鸸鹋的体羽都是褐色的,头和颈暗灰,颈部裸露的皮肤呈蓝色,翅膀退化不能飞,隐藏在残留的羽毛下,在炎热的天气,可以促进机体冷却。雏鸟有一个蓬松羽毛的头,身体由棕色和黑色条纹的羽毛组成。成鸟在颈部的气管和气囊之间生有一道空隙,使气囊成为一个回音室,从而提高了它们低沉鸣声的传播质量。

鸸鹋喜爱生活在草原、森林和沙漠地带,双足强劲有力,擅长奔跑。奔跑起来时速可达70千米,并可连续飞跑上百千米之遥。鸸鹋虽有双翅,

↗ 一只在小跑的鸸鹋

鸸鹋的长腿使它们能够以平均7千米/小时的速度长途跋涉或以48千米/小时的速度迅速逃离。鸸鹋长有三趾,而鸵鸟仅有两趾。

但同鸵鸟一样已完全退化，无法飞翔。不过它能泅水，可以从容渡过宽阔湍急的河流。

鸸鹋很友善，若不激怒它，它从不啄人。它对食物也不讲究，主要以草类为食，也爱吃一些草蝶及昆虫。在野生动物保护区里，鸸鹋能经常改善伙食，吃到游人喂它的面包、香肠及饼干等。当有汽车在公路边停下来时，鸸鹋毫无戒备，反而会大摇大摆地踱步而来，争抢着把头伸进车窗，一是对你表示亲近，二是希望你能给点好东西吃。虽然鸸鹋比较友善，但是在野外走近正在孵蛋或照顾雏鸟的雄鸸鹋也是十分危险的，因为它们有强壮的腿肌和锋利的爪子，足以令人肚破肠流。

一般而言，鸸鹋是害羞的动物，不会伤害人类，一般遇到人类只会拔腿就跑。它们也很有好奇心，有丛林知识的人，只要把一块颜色鲜艳的手帕缚在树枝上，再躲在草丛中举起摇晃，便能吸引野生鸸鹋走近查看。

鸸鹋的长相一直保持史前时代的形状，即使数十万年的地质和气候变迁，仍无法改变它们最初形成的原始形态，这种神奇的适应能力在自然界的进化史中是极为罕见的。

● 寻觅新鲜食物

鸸鹋喜欢食用富有营养的新鲜食

> **知识档案**
>
> **鸸鹋**
> **目** 鹤鸵目
> **科** 鸸鹋科
>
> **分布** 澳大利亚。
> **栖息地** 澳洲开阔草原、疏散丛林和半沙漠地区。
> **体型** 体高150~185厘米，体重30~45千克，成年雌性比雄性大。
> **体羽** 羽毛灰色、褐色或黑色。
> **食性** 吃树叶和野果
> **繁殖** 鸸鹋终生配对，每窝产7~10枚暗绿色卵，卵长1厘米。在地面上筑巢，雄鸟孵卵约60天。
> **寿命** 野生10年，家养20多年。

物，如植物上一些营养集中的部位：种子、果实、花和嫩芽。此外当昆虫和小型的无脊椎动物唾手可得时，鸸鹋也不会拒绝。但野生的鸸鹋不食用干草和落叶，哪怕它们就在嘴边。鸸鹋会摄入多达46克的大卵石以帮助砂囊研磨食物，还经常会摄入一些木炭。丰富的食物使鸸鹋发育很快、繁殖迅速，但这同时也是需要付出代价的。因为充足的食物在同一个地方不可能一年四季都得到，为了获取食物，它们必须迁移。在干旱的澳洲内陆地区，一个地方的食物短缺往往意味着需要走上数百千米才能找到另外的食物源。

鸸鹋对这种生活方式的适应体现

在2个方面。一是在食物充足期存贮大量的脂肪,以供接下来长途觅食所用,这也是为何正常情况下体重45千克的鸸鹋在体重降至仅为20千克后仍能照常活动的原因所在。二是只有在雄鸟孵卵时才不得不留在一个地方,其他时候它们则自由移栖。当然,带着雏鸟时步伐会放慢一些。而雄鸟在孵卵期不喝不吃不拉,因此,这段时间内当地的食物供应情况如何和它没有任何关系。

● **伟大的父爱**

鸸鹋在仲夏时间配对,一对鸸鹋约占领30平方千米的领域。天气凉下来之后,雄鸸鹋体内激素变动,食欲下降,开始在地上用树枝、树叶、树皮和草建巢。鸸鹋或出双入对,或三五成群,极少见有鸸鹋独行的。鸸鹋的成熟期长达3年,一只成年雌鸟只在每年的11月至翌年的4月产蛋,每次7~15枚,而孵卵的责任由雄鸟来承担。在整个孵化期间,雄性在长达两个半月的时间里几乎不吃不喝,表现出极强的"父爱",它们完全靠消耗自身体内的脂肪来维持生命,直到小鸸鹋脱壳而出。每次孵化后,雄性体重会降低许多,雏鸟出壳后,仍由父亲照料近2个月。

雌雄鸸鹋每隔一两天交配一次,交配后鸸鹋会生下深绿色的蛋,蛋壳很厚,约500克重。大约生了七个蛋之

↗ 鸸鹋以对后代关怀备至而著称,同时它们为保护雏鸟,对一切靠近者采取的凶狠态度也是出了名的。雏鸟的保护色及斑纹使它们能够很好地隐藏在草地里。

后，雄鸸鹋开始坐在蛋上孵蛋。从此雄鸸鹋不吃不喝，每天只因需要翻转蛋的时候才会站起来10次左右。

雄鸸鹋开始孵蛋之后，雌鸸鹋继续生蛋，但是不再与它交配。雌鸸鹋一般下蛋8~10只，有时也会有10~25只。与很多其他澳洲鸟类一样，鸸鹋不是忠实的一夫一妻制，每当雄鸟开始孵蛋，雌鸟便会与其他雄鸟交配。一窝雏鸟之中，可达一半是雌鸟和其他雄鸟的产物。

有些雌鸟会留守在鸟巢内守护直至雏鸟破壳而出，但大部分下蛋后不久便会离巢，而且往往在别处再筑巢；如果天气良好，一只雌鸸鹋可以下三窝蛋。在热带北部，季节与澳洲相反，雨季在夏天，鸸鹋会在雨季前交配。如果雨季迟来，鸸鹋交配亦会顺延。

虽然有雄鸸鹋坚守鸟巢，但鸸鹋蛋仍然常被偷去，其中以巨蜥为甚。据估计，每5只孵出的小鸸鹋当中，只有4只可以平安长至成年。

雄鸸鹋往往会收养任何流浪的雏鸟，只要这些小鸟不会大于雄鸸鹋自己的孩子。小鸸鹋长起来非常快（一周最多可以长1000克），12~14个月之后就长成大鸟。它们很多和父母继续一起生活6个月，之后分家开始抚育第二代。野生鸸鹋可以活10年，家养的可以活20多年。

● **曾经惨遭屠杀**

欧洲人也很快知道鸸鹋的蛋和肉的价值。19世纪初，欧洲人用猎枪灭绝了鸸鹋两个种和一个亚种，而且还竭力要把剩下的也消灭。不过鸸鹋能在荒芜的平原上隐藏，从而躲过了劫难。搞畜牧业的人认为鸸鹋与牲口争夺食物和水源。当然这指控也是真确，但却忽视了鸸鹋作为生态系统的一部分，对土壤的帮助、和吃掉大量蝗虫和毛虫等害虫的贡献。

农民也比较担心，因为鸸鹋既喜欢吃柔软的麦芽，也爱吃成熟的麦子。更难的是无法用栅栏阻挡鸸鹋，即使它们不是为吃麦子而来，也会把沿途的成熟麦子踏平。1901年，西澳洲的农民筑起了一道1千米长的高围墙以阻挡鸸鹋。虽然这道墙保护了麦子，但同时也影响了鸸鹋的迁移路线；在情况最坏年份，多达5万只鸸鹋撞在墙上，活活饿死。

鸸鹋跟袋鼠都是澳大利亚国徽上的原生物种，但是它们在澳大利亚建国初期都没有受到保护。甚至在1932年，在大萧条高峰期的一个干旱的夏天，西澳洲农民召唤军队参与一场"鸸鹋战争"，而且用上装在货车上的机关枪枪杀鸸鹋。到了1988年，鸸鹋才正式受到法律的保护。

鹤鸵

> 吉尼斯大全说，鹤鸵是世界上最危险的鸟类，如果你靠得太近，被认为是"恐怖分子"的话，它们就会悍然地发动"先发制人"的攻击——可能导致骨折的啄伤。当然，运气好一点的可能只是被该鸟匕首般的爪子划伤，但它们能够将人类的内脏钩出，所以是世界上最危险的鸟类。

产于澳大利亚和巴布亚新几内亚岛的一种大型不能飞的鸟类，为鹤鸵目鹤鸵科唯一的代表。所有鹤鸵一般都是羞怯的及鬼鬼祟祟的，生活在森林的深处及远离人烟的地方。纵然较为人熟悉生活在昆士兰雨林的南方鹤鸵，也不甚为人了解。

● 头上长角的鸟

鹤鸵是属于古颚总目，当中亦包括鸸鹋、鸵鸟、恐鸟及鹬鸵等。鹤鸵的体形像鸵鸟，但比鸵鸟小，身高约1.8米，体重约80千克，是世界现存第三大鸟。这种巨鸟，翅膀虽然已经退化，但是足长而善于奔走。鹤鸵和美洲鸵鸟一样，也有三个脚趾。

鹤鸵虽似鸵鸟，但有着自己的特点，容易跟鸵鸟及其他只会走不会飞的鸟区别开来。鹤鸵最突出的特点是头顶有一个高且扁的角质盔，这个头冠有利于在密林中拨开树枝前进，或是翻开地面上的落叶杂草寻找果实和昆虫。据最新研究发现，鹤鸵的头冠还有另外的神奇之处，这种巨大的森林鸟能发出一种人类听觉几乎觉察不到的（而且听起来不舒服）极低频率的叫声，能穿透厚密的森林传送出去，而头冠是同伴叫声的接收器，这一奇特的功能与大象用次声波交流殊途同归。

鹤鸵的长脖子大部分裸出，喉下有一个鲜红色的肉垂。它的身躯上长着黑色的粗鬃似的羽毛，在退化的翅膀上面密密地插着铁丝般的硬翎。

虽然这种走禽翅膀退化不能飞翔，但是双腿发达，健步善走，可以

↗ 鹤鸵主要分布于大洋洲东部、新几内亚岛和附近岛屿，常栖息在热带雨林中。

越过两米高的障碍物,奔跑时速可达50千米。它们的羽毛呈钢针状下垂,疏松成扇状,散发蓝黑色光泽,质地坚硬,所以当它们在繁枝茂叶中快速奔跑的时候不会被刮伤。

它们有一个独特的习性——对发光的东西非常好奇,当它们看到人类弃置的炭火灰烬时,必定上前啄弄一番,顺便吞下几粒熄灭的炭块到砂囊里,帮助磨碎不易消化的食物。因此也叫食火鸟。

● 世界上最危险的鸟类

有别于其他大型走禽类群居生活

知识档案

鹤鸵
目 古颚总目
科 鹤鸵科

分布 新几内亚岛和澳大利亚北部的雨林中。
栖息地 丛林中。
体型 身高约1.8米,体重80千克。
外形 头顶上有角质的黄冠,喉下有赤红色的肉垂,嘴扁,灰黑色,全身已羽毛下垂,黑色,翅膀很小。
食性 捕食真菌类、蜗牛、昆虫、青蛙、蛇和其他小型动物。
繁殖 4~5岁性成熟,每年6~9月产卵,每窝3~6枚。
寿命 12~18年。

南方鹤鸵及单垂鹤鸵因失去栖息地而成为濒危物种。在澳大利亚约有40头鹤鸵在笼中受保护。失去栖息地令鹤鸵从雨林走到人类社区,造成与人类(尤其是农民)的冲突。

的特点，野生的鹤鸵喜欢独来独往，到繁殖季节才群集一起交配。而且具有相当强的领地意识，每只鹤鸵的栖息范围大约在10~30平方千米左右。当外物闯入时它会奋力搏击甚至攻击人类。

鹤鸵主要吃掉落在地面的水果和植物种子，也吃昆虫、蛙、蜥蜴等小动物，晨昏觅食，食量很大。鹤鸵每年5~11月间交配繁殖，巢常筑在树丛间的地上，每窝产卵3~18枚，卵呈翠绿色或淡褐色，重700克左右，雄性负责孵卵，幼雏48~50天出世，雏鸟绒毛黑黄相间，姗姗可爱，很像丹顶鹤的幼雏，这就是"鹤鸵"得名的由来。幼雏9个月大即可独立生活，4岁性成熟，寿命12~18年。

这种鸟生活在热带雨林中，以拥有12厘米长、类似匕首一样锋利的爪而著称。利爪结合强有力的腿，它们能够将人类内脏钩出，而对付狗和马只需一击即可致命。一般来说，鹤鸵都是非常害羞的，但当受骚扰时则会以它们强劲的腿猛扫。当第二次世界大战美军及澳军在新几内亚岛驻守时，就曾被警告远离它们。鹤鸵多数的攻击是因受到挑衅而起，而受伤或陷入绝境的鹤鸵更是危险。鹤鸵好斗的性格还表现在同类之间，所以在动物园里只能独居一笼，就是雌雄之间有时也会发生冲突，引发战争。配种结束后，饲养员要紧紧拉住雌鸟的肉垂让雄鸟撤离。否则雌鸟站起来后会演出一场暴打"新郎"的闹剧。2007年，它被吉尼斯世界纪录收录进"世界上最危险的鸟类"。

琴 鸟

澳大利亚的琴鸟以其壮观夺目的求偶炫耀、独特的歌声和效鸣而著称。雄琴鸟的尾羽、炫耀行为和鸣声，被认为是雌性选择配偶的性选择模式下雄性华丽特征的典型代表。

华丽琴鸟，这种澳大利亚最引人注目的鸟之一，因一名在丛林里生活数年的前囚犯而于1797年首次受到新南威尔士当局的关注。从一开始，这种鸟的归属就充满了争议。在早期的描述中，有人认为它是一种雉鸡，有人认为它是一种地栖性极乐鸟，有人认为是一种家禽，更有甚者认为这是一种"孔雀鹩"。具有讽刺意味的是，"琴鸟"这一名字乃是源于当时英国科学家的一种错误认识，他们在研究了从澳大利亚送过去的某些琴鸟皮肤后认为这种鸟的雄鸟尾羽在炫耀时肯定一直像一把竖琴那样扬起。在半个世纪后，欧洲移居者们才发现了另外一种琴鸟（也是除华丽琴鸟外唯一的现存种类），并以维多利亚女王的夫君艾尔伯特王子之名命名为"艾氏琴鸟"。

如今，DNA研究和其他方面的证

知识档案

琴 鸟
目 雀形目
科 琴鸟科
琴鸟属2种：艾氏琴鸟和华丽琴鸟。

分布 仅限于澳大利亚东部。

栖息地 温带、亚热带雨林和硬叶林。

体型 体长：华丽琴鸟雄鸟103厘米，雌鸟76~80厘米；艾氏琴鸟90厘米。体重：华丽琴鸟雄鸟0.89~1.1千克，雌鸟0.72~1千克；艾氏琴鸟0.93千克。

体羽 上体深灰褐色或红棕色，下体灰褐色至赤褐色。雄鸟的尾羽非常突出，长如裙裾，有高度变异的舵羽；雌鸟的尾羽较短且简单。

鸣声 鸣啭响亮、穿透力强，可模仿别的鸟的鸣声和其他一些声音，警告鸣声和炫耀鸣声音很高。

巢 大型的圆顶巢，巢材有树枝、树皮、苔藓、细根和蕨类植物的叶，衬材有细根、柔软的植物性材料及鸟的体羽，入口在侧面。巢址可位于地面、泥岸、岩面、巨石、树的扶持物、外露的树根、原木、草丛以及死树或活树上（巢离地面的高度可达22米）。

卵 窝卵数一般为1枚；椭圆形；浅灰色至紫褐色，带有深褐色或蓝灰色斑点和条纹；平均重62克。孵化期约为50天，雏鸟留巢期约47天，会飞至完全独立最长需8~9个月。

食物 以土壤和朽木中的无脊椎动物为主。

据表明，琴鸟最密切的亲缘鸟类是薮鸟科（1属2种）的2个丛林种类。并且，琴鸟很可能像那些丛林鸟一样，直接起源于大洋洲，而不是从北半球迁移过来的。

● 华丽张扬的尾

华丽琴鸟在澳大利亚东南部的自然分布范围为维多利亚州南部至昆士兰州东南端，见于大分水岭地区从海平面至海拔约1500米之间的多种潮湿森林栖息地中。有一部分生活在维多利亚州的华丽琴鸟于20世纪30~40年代引入塔斯马尼亚岛的2个地方，结果在那里建立起了种群，并且分布范围得到了扩大，而同期在澳大利亚大陆上的许多种群却似乎出现了下滑之势。

艾氏琴鸟的分布范围非常有限，目前主要集中在昆士兰州东南端和新南威尔士州东北端海拔300米以上的山区。可见，2个种类的分布范围相差很大。此外，人们还发现了迄今为止唯一一种已知的琴鸟化石"Menura tyawanoides"曾经的分布区，结果显示琴鸟科在过去的分布比现在广。

和鸡一般大小的华丽琴鸟是世界上最大的雀形目鸟之一。成鸟上体为深灰褐色，下体为深灰至浅灰色。雄鸟拥有豪华的尾羽，长如裙裾，中间是2枚电线般的中央尾羽，然后是12

↗ 一只华丽琴鸟在喂雏
这种鸟通常一窝只产一雏，雌鸟对后代关怀备至，在雏鸟会飞后仍会继续照顾其半年以上。

根散开的丝状羽，最外面的便是"琴羽"——2枚巨大的S形舵羽。丝羽和琴羽的内面为银白色。琴羽上面有一排半透明的赤褐色月形凹口，琴鸟属的学名"Menura"（意为"新月"）也许便是由此而来。琴羽末端为黑色，呈梅花形。丝羽的羽支无羽小支，所以看起来像是装饰着精致的花边。体型较小的雌鸟尾也相对更短、更简单，琴羽上的凹口也不明显。艾氏琴鸟比华丽琴鸟略小，背、胁和腰部更多地为赤褐色，而腹部颜色相对更浅，雄鸟的尾也不及华丽琴鸟的那般长而复杂。

琴鸟主要栖于地面。灰色的腿相当长，脚爪强健，因而奔跑轻松，扒掘有力。翅短圆，飞行能力弱，一般只能做滑翔式下坡。但它们却栖于高树上过夜——通过一连串笨拙的拍翅跳跃花相当长时间才最终到达树上。

● **地表觅食者**

华丽琴鸟主要通过在5~15厘米深的表土层扒掘无脊椎动物为食。每片扒掘地间隔在2米以内，各自的平均面积为0.25~0.5平方米。通常在这样的一片扒掘地中平均每1.5分钟可捕获25~29只猎物。

通过对成鸟胃内成分的分析，发现华丽琴鸟的食物中含有多种无脊椎动物，如蚯蚓、甲壳类、蜈蚣、千足虫、蜘蛛、蝎子、蟑螂、甲虫、苍蝇、蚂蚁和蛾，既食成虫，也食幼虫或蛹。此外，某些种子也会列入其中。雏鸟的食物与成鸟相似。

华丽琴鸟的这种觅食习性促成了表土层和落叶层的不断翻新，因而被认为有利于森林地面层裸露区域的保持、营养成分的循环以及桫椤（类似蕨类的热带树木）的再生。关于艾氏琴鸟的觅食行为和食物，目前知之甚少，但很可能与华丽琴鸟基本相似。

● **领域性和独居性**

华丽琴鸟的成鸟具领域性，以独居为主。雄鸟的领域一般为方圆2.5公顷左右，可包含6只雌鸟的领域或与其发生重合。在繁殖期，雄鸟主要通过频繁地响亮鸣啭来维护领域，但其他雄鸟的入侵会引发"冲天式"威胁炫耀、长途的追逐并发出各种声音，甚至偶尔会导致激烈的搏斗。两性未成鸟常常形成活动范围很广的小群体，会进行各种炫耀行为。当这些巡回群体经过时，领域主也有可能临时性地加入其中。

华丽琴鸟能存活20~30年。雄鸟出生后需要7~8年才能长齐成鸟的尾羽。而雌鸟可能在5~6岁时便开始繁殖。雄性成鸟会在领域内建许多"炫耀冢"（为微微隆起的土堆，直径约1.5米）。繁殖季节，雄鸟白天有一半的时间都在炫耀冢上歌唱和炫耀，表演的高峰期为天亮后3小时以及中下午。

炫耀的关键部位是雄鸟精致复杂的尾，尾会扬起，前倾至背和头上方。在"初始炫耀"阶段，尾闭合，只是快速地抖动。在"全面炫耀"阶段，尾完全展开，来访的雌鸟透过带花边的羽毛看到鸣啭的雄鸟。雄鸟迅速地左右移动，然后反复跳跃，翅膀松弛，同时嘴里发出类似拨弦或马疾驰的声音。随后，交配就发生在炫耀冢上。华丽琴鸟的鸣啭包括一种特有的"领域歌"和多种模仿其他鸟的声音，鸣声响亮、绵长，富有穿透力。

华丽琴鸟的雄鸟实行混交。它们与任何交配对象都没有长期的配偶关系，不承担抚养后代的亲鸟义务。雌鸟的领域可能完全在某只雄鸟的领域内，也可能与数只雄鸟的领域发生重叠，或者与所交配的雄鸟的领域全然不相干。华丽琴鸟的巢很大，空间宽敞，顶有遮盖物，通常筑于地面或近地面处。

雌鸟的繁殖过程也有许多不同寻常之处。通常一窝只产1枚卵。尽管在冬季繁殖，但孵卵恒常率仅为45%。每天卵都有数个小时被搁于一边，这时胚胎的温度便降至环境温度。所以胚胎的发育非常缓慢，孵化期可长达50天，这比其他差不多大小的鸟的孵化期要长80%。但由于卵壳的孔隙率和水分蒸发率相对较低，所以卵不会严重失水。雏鸟的发育在同等体型的雀形目鸟当中也属于极缓慢型，以致雏鸟留巢期几乎也像孵化期那样长。而育雏失败最重要的原因则是天敌（主要为引入的哺乳动物）的袭击，有时母鸟也遭残害。雏鸟在长到成鸟体重的63%时开始会飞，但在离巢后的8~9个月里仍部分依赖于母鸟，后者每天喂雏88~138次。

艾氏琴鸟的雄鸟也具领域性，它们在地面或近地面处由藤蔓和细树枝搭成平台，用以标志它的领域，警告别的雄琴鸟不得侵入。艾氏琴鸟在台上炫耀。它们在冬季繁殖期频繁地

雄琴鸟站在炫耀冢上炫耀

雄琴鸟中间的尾羽向前倾泻至背部和头顶，外侧的条状"琴羽"看起来则像一把竖琴。如内图所示，华丽琴鸟（图1）略大于艾氏琴鸟（图2）。

↗ 艾氏琴鸟是2种琴鸟中稀有的一种，分布范围仅限于澳大利亚昆士兰州和新南威尔士州交界的雷鸣顿国家公园。

鸣啭，其中也包括模仿其他种类的效鸣。全面炫耀时尾部动作与华丽琴鸟相似，此外还会跳一种"跃起舞"。雄鸟的行为常常会引起藤蔓和树枝的振动，有时甚至连数米外的叶丛也会颤动。

艾氏琴鸟的鸣啭为一连串短促而响亮的声音，前后会伴以柔和的音符。鸣啭通常持续30~50分钟，而1个小时以上也相当常见。雏鸟习性与华丽琴鸟相似，但这种极为隐秘的鸟的交配机制和群居机制仍是一个谜。

● **森林管理带来的威胁**

2个种类尤其是华丽琴鸟在过去因它们的肉和羽毛而大量遭枪击或诱捕。目前，华丽琴鸟仍较繁盛，但艾氏琴鸟已被列为易危种，现存数量可能不足1万只。因农业和林业发展以及人类定居而导致的栖息地缩减对这2种鸟影响很大，不过眼下最大的威胁来自人类对森林的密集型管理，选择性的伐木使它们的栖息密度大为下降。此外，无论成鸟还是雏鸟都会受到外来哺乳动物的掠食。

笑翠鸟

笑翠鸟是澳大利亚城里乡间司空见惯的鸟类，和袋鼠一样，澳大利亚人民非常喜爱它，因此各种各样的文化用品上都有笑翠鸟的形象出现，最著名的是澳大利亚珀斯造币厂发行的纪念银币，正面图案是女王伊丽莎白二世的头像，反面是一只独立枝头的笑翠鸟，这种纪念币自1990年起每年发行一枚。笑翠鸟被认为是澳洲的标志性鸟类之一，在悉尼奥运会上被当作吉祥物。

● **森林里的怪笑"女巫"**

在澳大利亚的灌木林里，有一种笑翠鸟，当地人称之为"库卡巴拉"。笑翠鸟的体色通常是背部呈棕色，腹部呈白色，翅膀上有三行白点，穿过额头和眼睛有一道深色条纹。笑翠鸟得名于它古怪的叫声，听起来非常像人的狂笑，而这种狂笑声中又不乏幽默滑稽的音调，常常令听到的人忍俊不禁。由于栖息在茂密的枝叶间不容易被发现，初来澳洲的人只闻其声不见其形，还以为是遇到了神话中生活在森林里的老巫婆，所以笑翠鸟又被当地人称作"林中女巫"。不过笑翠鸟不是经常"怪笑"的，只有在凌晨和黄昏时才能听见它的叫声，其准时性令人咂舌，是当地人深信不疑的"生物钟"。

笑翠鸟属包括4种，除笑翠鸟外另外3种为蓝翅笑翠鸟、阿鲁笑翠鸟、棕腹笑翠鸟。最著名的笑翠鸟是澳洲的特产，分布于澳洲东部和西南部，不过在新西兰北岛西部也有一小群，被认为是通过风偶然扩散过去的。蓝翅笑翠鸟分布于澳洲北部和新几内亚

↗ 成年笑翠鸟通常会花费很长的时间来哺育幼鸟直到它能够独立生活为止，因而一个季节最多产下一窝雏鸟。

人们普遍认为笑翠鸟以蛇、蜥蜴和鼠类为食,事实上,笑翠鸟主要靠昆虫和其他无脊椎动物为食。

的叫声而著名。它们也经常通过齐鸣来界定自己的领地。笑翠鸟是食肉动物,但是几乎什么都吃。它们具有领地性,经常与前一季出生、尚未完全长成的幼鸟一起生活。人们可以在市郊看见它们,但是它们在原野里更为常见。

● 其实是捕蛇高手

虽然名字叫翠鸟,但笑翠鸟并不像其他大多数种类的翠鸟那样仅靠捕鱼为生,除了鱼外还捕食老鼠、青蛙、蜥蜴、小龙虾、蜗牛和昆虫,最大的特点是能够捕食毒蛇等比自身大得多的爬行动物,一只成年的笑翠鸟

岛南部,其体形略小于笑翠鸟,身长38~45厘米,其习性和笑翠鸟大体相当。阿鲁笑翠鸟分布于新几内亚岛岛南部以及附近的阿鲁群岛,其外形很像蓝翅笑翠鸟,但是体型要小很多,身长大约33厘米。阿鲁笑翠鸟的食性和大型笑翠鸟有所不同,其食物几乎都是昆虫。棕腹笑翠鸟的体型更小,仅有28厘米,其食物主要也是昆虫,不过也吃蚯蚓和蜥蜴。棕腹笑翠鸟分布于新几内亚岛岛和附近岛屿。还有一种生活在新几内亚岛的披肩笑翠鸟,上体蓝色,下部主要是白色,小尾羽浅黄色,喉咙没有一丝羽毛。

和其他翠鸟一样,笑翠鸟有结实细小的身体:颈短、嘴长而尖、腿短。它们是澳大利亚东海岸的本地动物,1898年被引入西澳州。笑翠鸟以其在早晚时分歇斯底里的如人笑声般

知识档案

笑翠鸟

目 佛法僧目
科 翠鸟科

分布 澳大利亚以及新西兰小部分地区。
栖息地 森林。
体型 身长28~45厘米。
体羽 多为棕色也有蓝色。
食性 鱼、蛇、老鼠、青蛙、蜥蜴和昆虫。
繁殖 7~8月繁殖,一次产卵1~5枚。
寿命 20年。

可以轻易击杀响尾蛇、太攀蛇等大型蛇类，有些时候还会集群攻击体型更大的伞蜥。

最值得一提的是笑翠鸟的捕蛇能力。它们有带钩而又锋利的嘴。它吃蛇的办法别具一格，先用带钩的嘴将捕到的蛇衔到树顶上，然后再把蛇摔下去，这样接二连三地摔几次，直到把蛇摔死以后才慢慢地吃。

笑翠鸟不害怕人类，经常在人烟稠密的地区活动，而且胆大贪婪，吃完人们给它的食物后会赖着不走，停在原地"咯咯"傻笑，喂食者走开它就跟着飞，直到吃饱了才慢腾腾的飞走。而且它还很聪明，旱季时澳大利亚的主要树种——桉树因为含油量较高经常会引发大范围的火灾，笑翠鸟会跟在火苗子后面不远的地方惬意的捡拾烧死烧伤和受惊的猎物。

笑翠鸟群居生活，每群由1~5个家庭组成，成员包括几对父母以及它们的两代子女。笑翠鸟的领地观念很强，如果有外敌侵犯，它们会倾巢而出攻击入侵者，甚至连苍鹰这类猛禽也敢对付。

笑翠鸟每年7~8月交配繁殖，一生只找一个伴侣，巢一般建在密林中乔木高处的树洞里，雌鸟每次产卵1~5枚，通常2~3枚，孵化期约25天，幼雏一个月大即可离巢飞行，双亲共同抚养幼鸟约2个月左右，往年出生的哥哥姐姐们会和父母共同养育弟弟妹妹，小鸟9个月大时就可以独立生活了，1岁左右性成熟，平均寿命20年。

↗ 笑翠鸟捕获猎物的方法，是栖止和突袭：它们先是静静地停息在高处一个有利的位置，紧紧盯住地面的动静。一旦发现猎物，它们就将振翅而下，直扑猎物，用其喙紧紧衔住猎物，并飞回所栖息的高处将猎物吞吃，如有幼鸟，它们最后会返回巢中喂食这些幼鸟。

极乐鸟

> 极乐鸟，或者说至少是体羽豪华壮观的雄性成鸟，被许多人认为是世界上最华美绚丽的鸟。如黑镰嘴风鸟，其中央尾羽犹如一把1米长的军刀。它们极为活跃且喧嚣，像鸦或椋鸟那样有着强健的脚爪；既有单性态、隐蔽性强的种类，也有呈明显性二态的种类；既有单配制，也有一雄多雌现象。

之所以被称为"极乐鸟"，乃是因为当初西方人接触到的第一批雄性成鸟的样本为一堆连腿都没有的空外壳（提供样本的是巴布亚人，数千年来，羽毛交易在巴布亚及其周围地区都是一项重要的商业活动），这使16世纪的自然学家们认为既然没有胃也没有腿，那么这些美丽的鸟一定终日漂游在"极乐天堂"，只有死后才坠落到地面。

在过去的上万年里，对新几内亚主岛及其邻近岛屿的部落民族来说，极乐鸟一直是各种神话、仪式、个人饰物、舞蹈的焦点。没有其他哪一科的鸟能像极乐鸟（尤其是一雄多雌种类的雄鸟）那样在体羽结构和着色上表现出如此的多样性，这些用以吸引择偶雌鸟的绚丽羽毛代表了对"性选择"的一种终极表述。

● **华丽的雄鸟**

单配制种类两性相似，而一雄多

↗ 图中的王极乐鸟是全科最小的种类，而最大的种类为卷冠辉极乐鸟。王极乐鸟的巢为杯形巢，筑于树缝中。

雌种类一般呈现出性二态，程度从轻微到极致不一。5种均为蓝黑色的卷冠辉极乐鸟、同样体羽暗淡的褐翅极乐鸟以及一身黑色的麦氏极乐鸟在体羽上不存在两性差异，被认为是单配制种类。两种性单态的肉垂风鸟也曾被认为是单配制，但如今已知其中一种为多配制。其他色彩相对更为鲜艳的性二态种类似乎都是一雄多雌制。

一雄多雌种类的雄鸟体羽极为多样化，从以黑色为主同时有一片片色

知识档案

极乐鸟

目 雀形目

科 极乐鸟科

17属42种。种类包括：蓝极乐鸟、新几内亚岛极乐鸟、黑镰嘴风鸟、褐镰嘴风鸟、王极乐鸟、萨克森极乐鸟、芳氏六线风鸟、瓦氏六线风鸟、长尾肉垂风鸟、丽色极乐鸟、丽色掩鼻风鸟、大掩鼻风鸟、小掩鼻风鸟、褐翅极乐鸟、绶带长尾风鸟、幡羽极乐鸟、麦氏极乐鸟、黄胸极乐鸟、卷冠辉极乐鸟、号声极乐鸟等。

分布 印度尼西亚摩鹿加群岛北部、新几内亚岛、澳大利亚东部和东北部。

栖息地 热带森林、山林、亚高山带森林、干草原林地和红树林。

体型 体长15~110厘米，体重50~450克。雄鸟一般大于雌鸟，黄胸极乐鸟除外。

体羽 大部分雄鸟色彩缤纷，具有复杂华丽的饰羽；雌鸟和雄性未成鸟则具有暗淡的保护色，腹部常有横斑。有些单配制种类为全身黑色或蓝黑色。

鸣声 多样，有似鸦叫的声音，有似枪响的声音，也有钟声般的鸣声。

巢 通常为敞开的大型杯形巢或碗状巢，由附生兰的茎和（或）蕨类植物、藤本植物、树叶筑成，位于树杈或藤蔓之间。

卵 窝卵数1~2枚，少数情况下为3枚；浅色，一般底色为粉红色，有多种颜色的斑纹，经常有犹如笔画粗的长条纹，集中在大的一端。孵化期14~27天，雏鸟留巢期14~30天。

食物 很多为食果类，有些为食虫类，此外也食叶、芽、花、节肢动物和小型脊椎动物。

彩鲜艳、富有金属光泽的区域，到集黄色、红色、蓝色和褐色于一身同时又有大量特化的炫耀羽饰或由变异的羽毛形成的各种奇形怪状的头"线"和尾"线"，简直令人眼花缭乱。不过每个一雄多雌制的属都有一种基本的雄鸟体羽结构，在求偶炫耀时通过该属所特有的方式展示出来，以最佳的效果呈现在潜在的配偶面前。有几个种类还具有着色艳丽的裸露皮肤（头、肉垂、腿、脚），雄鸟的这些部位比雌鸟醒目，因而可能同样与求偶有关，当然也可作为区别种类的依据。在一些种类的雄性成鸟中，部分外侧初级飞羽的形状发生了不同程度的变异，也许是用以在炫耀飞行时发出声响。已知单配制种类的雌鸟会发出清晰可闻的鸣声，但在一雄多雌种类中，所有响亮的鸣声均来自炫耀的雄鸟，而雌鸟基本沉默。卷冠辉极乐鸟类有盘绕起来的长气管，被置于胸肌上方的皮下组织，由此产生低沉、可传至很远的颤鸣，为极乐鸟中所独有。

长期以来，园丁鸟被认为与极乐鸟亲缘关系最密切，有些鸟类学者将两者合为一科，即极乐鸟科。然而，随着越来越多的生物和分子鉴定问世，如今已很清楚，极乐鸟最密切的亲缘鸟类为鸦和类鸦鸟这些更高级的鸣禽和雀形目鸟,而与园丁鸟的亲缘关系相对较疏远。

镰冠极乐鸟、鸦嘴极乐鸟和黄胸极乐鸟3个种类形成"宽嘴"系列,它们均筑圆顶巢,幼鸟和雌鸟的体羽也与其他种类不一样。3种鸟在科内的

➚ 极乐鸟的代表种类
1.丽色掩鼻风鸟;2.蓝极乐鸟;3.线翎极乐鸟;4.丽色极乐鸟;5.十二线极乐鸟。

不同寻常之处还在于自始至终都只食果实（它们很宽的嘴裂便是对这种食物方式的适应），并且腿脚较弱。它们一直被视为极乐鸟科中一个富有特色的亚科，然而经过近年来的分子研究，它们现在被认为应当成为一个独立的科，与极乐鸟并无亲缘关系，而是为相对原始的鸣禽类。此外，麦氏极乐鸟也是科内值得怀疑的一员，如今的分子研究表明，它很可能属于吸蜜鸟科。

人们对一只小黑脚风鸟的一份旧样本做了一次DNA检测，结果发现这种见于新几内亚岛高地、外形似八色鸫的鸟或许应归入极乐鸟科。但随后对该鸟繁殖生物学和外部形态的研究清楚表明，它与极乐鸟基本无共同之处。

● 源于新几内亚岛

绝大部分极乐鸟限于新几内亚岛及其邻近岛屿，这里无疑是本科的发源地。不过，褐翅极乐鸟和幡羽极乐鸟见于印度尼西亚的摩鹿加群岛北部，大掩鼻风鸟和小掩鼻风鸟则见于澳大利亚东部有限的区域内。而在新几内亚岛岛有广泛分布的丽色掩鼻风鸟和号声极乐鸟其分布范围也恰好抵达澳大利亚东北端的湿林。

部分新几内亚岛种类广泛分布在低地，然而大多数种类分布范围有限且（或）零散，在山区的栖息地海拔高度不连续。另有少数种类生活在近海岛屿上。大部分种类栖息于热带湿林、山林至亚高山带森林中，少数栖于亚高山带林地、低地草原或红树林里。

● 食物多样

极乐鸟为杂食类，食物丰富多样，不过若考虑到种类之间巨大的体型和喙形差异，这种多样性就不足为奇了。极乐鸟的喙从像鸦那样短而结实的喙到像椋鸟那样细巧的喙再到长而下弯的镰刀形喙（用以在苔藓和树皮下面以及其他喙无法够到的叶基之间捕食节肢动物、昆虫蛹和其他猎物）应有尽有。大多数种类以食果实

↑ 在一雄多雌制的极乐鸟中，当雄鸟将雌鸟吸引到它的展姿场来后，就会开始它精心的炫耀：身体前倾，尾翘起，头低下，翅伸挺。

为主，同时也食多种节肢动物、小型脊椎动物、叶和芽。镰嘴风鸟类和掩鼻风鸟类则高度特化为食虫鸟，很少食果实。此外，掩鼻风鸟类为长喙型鸟，雌性成鸟的喙通常比雄性成鸟的大。这一点值得注意，原因在于许多极乐鸟在非繁殖期必须应对资源有限的困境。那时喙形的性别差异可大大降低两性之间对有限的节肢动物资源的竞争，因为雌雄鸟会选择不同种类或不同大小的猎物。

典型的极乐鸟会使用它们的脚来抓持或处理食物（园丁鸟不会这么做）。而亲鸟会以回吐方式来喂雏（这也有别于园丁鸟）。雏鸟刚孵化出来时，亲鸟喂以节肢动物，但慢慢地转为以果实喂食或者以果实与节肢动物混合喂食。

● **终极炫耀**

极乐鸟的各个属表现出从单配制到一雄多雌制的多种繁殖行为。单配制种类的配偶关系似乎为常年性，配偶共同维护一片多用途的繁殖领域，一起看巢、育雏。然而，大部分极乐鸟实行一雄多雌的交配机制，雄鸟与多只雌鸟发生交配，而只有雌鸟单独营巢：从筑巢、孵卵到抚养后代，雄鸟都不会参与。多配制的雄鸟其炫耀方式既有单独炫耀也有集体的展姿场机制，还有多种中间形式。雄鸟会占据一处求偶场所——某块地面炫耀场或者一根或数根栖木，一片领域内可包括一个或多个这样的求偶场所。

多配制雄鸟的炫耀既是为了吸引雌鸟，也可用以建立雄鸟的支配等级（如在聚集于展姿场的极乐鸟属极乐鸟种类中）。和其他许多雄极乐鸟一样，六线风鸟类（六线风鸟属）的雄鸟在地面求偶场或栖木上单独炫耀，而这些地方会被后代年复一年地使用。要占据这些传统的炫耀场所，年轻的雄鸟必须耐心等待，因为它们像年轻的雄园丁鸟一样，往往需要数年时间（也许长达7年）才能褪去和雌鸟体羽相似的未成年体羽。由于一只雄成鸟可与多只雌鸟交配，因此繁殖雄鸟的数量相对于雄性未成年鸟及雌鸟的总数而言显得很少。来自雄性未成年鸟和雄成鸟对手的压力则使得只有最健壮的雄成鸟才能在繁殖群中占得一席之地，也只有最出色的雄性未成年鸟才能继承炫耀场所。有意思的是，人工饲养的年轻雄极乐鸟繁殖相对较早，都还没有长出成鸟体羽就开始繁殖，这表明在野生界居支配地位的雄性成鸟的存在抑制了其他雄鸟的性激素分泌。雌鸟则没有出现这样的抑制现象，它们在长到2~3岁时便能进行繁殖。

虽然这样一种少数雄鸟使多数雌鸟受精的繁殖机制导致极乐鸟各种类的雄鸟外表进化得各不相同，但其实它们在基因上仍是相当接近的。因此，雄鸟外形明显不同的2个种类在基因上也许是有联系的，于是当它们相遇时便有可能发生杂交。迄今为止，有记录的极乐鸟杂交现象，属之间的有13次、属内部的有7次，均发生在种类的分布范围和喜居的栖息地出现重叠的区域。由此可见，不仅同一个属内的种类会进行杂交，即使来自不同属的种类，即雄鸟的外形有可能截然不同，也会杂交。这样，杂交产生的后代长大成雄性成鸟后会继承双亲各具特色的体羽特征。而许多这样的鸟曾被错误地认为是新的种类（因为大部分仅是基于对一两只个体的了解）。

某些种类的食物以热带森林果实为主，这似乎对一雄多雌制的发展起着重要作用。果实的质量和（或）果实在森林中的时空分布情况可能会左右这些鸟繁殖机制的类型及雄鸟扩散和炫耀的方式。在果实极度繁盛的季节，多配制的雄鸟大部分时间都会在炫耀场度过，雌鸟得以能够单独营巢育雏，但果实临时性的广泛分布使那时的领域维护成为一大难题。

极乐鸟一般在树枝上筑敞开的杯形巢或碗状巢，有些种类喜欢将巢筑

↗ 威氏极乐鸟的栖息地尚不特别清楚，但通过其头顶的蓝色裸露皮肤，这种鸟一眼就能被辨认出来。

于森林空隙带中孤立的树苗的小树冠上（不过树叶茂盛），这样可以降低攀树型掠食者对卵、雏鸟和营巢成鸟的威胁。巢材为附生兰的茎和（或）蕨类植物、藤本植物、树叶。

极乐鸟的卵通常为椭圆形，粉红色至浅黄色，带犹如笔画的长宽条纹，颜色有褐色、灰色、淡紫色或紫灰色。一窝为1~2枚卵，少数情况下达3枚。卵似乎为连续产下（不像园丁鸟那样隔天产1枚卵）。孵化期为14~27天，雏鸟留巢期14~30天，高海拔地区的种类相应延长。无证据显示极乐鸟在1个繁殖期内会育2窝雏。

● **易危但未濒危**

目前尚未有极乐鸟濒危，不过有4个种类（蓝极乐鸟、麦氏极乐鸟、瓦氏六线风鸟和黑镰嘴风鸟）被列为易危种，另有8个种类为近危种。而这些鸟在它们分布范围内的大片区域里仍然可能是安全的，因为那些地方是人类难以进入的，而且在很大程度上不会介入。但有些种类，包括西巴布亚地区（新几内亚岛西部，以前为伊里安查亚）的几个种类尚无任何调查，有待进行客观的评估，有可能其中分布范围有限的数个种类已受到栖息地破坏的威胁。

极乐鸟中最易受威胁的种类或许就是最引人注目的蓝极乐鸟，因为对这种鸟的生存具有至关重要意义的中部山林因农业发展而正在日益减少，当然还有人类对它们优美的羽毛的需求。而它们有可能进一步受到极乐鸟的潜在竞争，后者的分布区与蓝极乐鸟分布区的海拔下限相连，且适应性更强。

细尾鹩莺及其亲缘鸟

> 在澳大利亚和新几内亚岛所覆盖的40个纬度的各种栖息地中，几乎都有细尾鹩莺的存在。如红翅细尾鹩莺栖息于澳大利亚西南部降雨充沛的茂密森林中，而埃坎草鹩莺生活在内陆沙漠三齿稃丛生的沙丘中。细尾鹩莺的显著特征是尾比身体还长，并且大部分时间都高高翘起。

细尾鹩莺类为澳大利亚和新几内亚岛特有的小型鸟类。它们出现的地带通常有较厚的地表覆层，它们可以凭借长腿在上面快速跳跃。翅短而圆，很少做远距离飞行。帚尾鹩莺类生活在浓密的石南丛中，行踪隐秘，往往只被人们偶尔瞥见。草鹩莺类栖于沙漠、干旱灌木丛、多岩石的高原，也很少见其身影。

● 小巧玲珑、不出远门

细尾鹩莺类的雄鸟呈色泽鲜艳的红色、蓝色、黑色和白色，而雌鸟和未成鸟通常为褐色。在帚尾鹩莺类中，两性也有明显的区别，而其他3个属的种类在实地观察中很难区分雌雄鸟。

全科大部分种类以昆虫为主食，但草鹩莺类还会用它们结实的喙啄食大量的种子。由于该科鸟类一般在地面活动，因此觅食通常也只在地面进行，不过有些种类会在灌丛中甚至高树的树阴层觅食。因为翅小而弱，它们仅在少数情况下短距离突袭空中的飞虫。

虽然分布遍及多种栖息环境，但多数种类常年只生活在某片特定的区域。它们具有很强的领域性，除了"直系亲属"外，其他同类一律不得侵入。

它们的领域面积为1~3公顷，可满足它们对觅食、繁殖和栖息方面的需求，于是它们年复一年地定居在那里。

● 生活在大家庭中

虽然体型小，但与北半球的对应鸟类相比，细尾鹩莺科种类的寿命相当长（在10年以上）。长寿而定栖，这使它们的家庭关系相当持久，而不像其他鸟那样一般只体现在雏鸟依赖于亲鸟喂养和保护的那段时期。大部分细尾鹩莺生活的群体中往往有2只以上具有繁殖能力的成鸟，但唯有一只

知识档案

细尾鹩莺及其亲缘鸟

目 雀形目

科 细尾鹩莺科

5属27种。属、种包括：真正的细尾鹩莺类、草鹩莺类、帚尾鹩莺类、紫冠细尾鹩莺、红翅细尾鹩莺、华丽细尾鹩莺、黑草鹩莺、多氏草鹩莺、埃坎草鹩莺、灰草鹩莺、卡氏草鹩莺、短尾草鹩莺、白喉草鹩莺、马里帚尾鹩莺等。

分布 新几内亚岛、澳大利亚。

栖息地 从雨林边缘地带至沙漠干草原、盐池、沿海沼泽地、石南丛、三齿稃丛和沙漠平原。

体型 体长14~22厘米，体重7~37克。

体羽 从（某些雄鸟）醒目的蓝色到暗淡的褐色不一而足。

鸣声 有短促的联络鸣声，有颤鸣，也有持续、悠长的鸣啭。

巢 细尾鹩莺类和帚尾鹩莺类为圆顶巢，入口在侧面；草鹩莺类为半圆顶巢或圆顶被截平。

卵 窝卵数2~4枚；白色，有红褐斑；孵化期12~15天，雏鸟留巢期10~12天。

食物 昆虫和种子。

巢、产卵、孵卵及雏鸟刚孵化时的育雏工作。只有在它外出觅食匆忙回巢时，雄鸟才会护送它返回。雏鸟出生10天左右离巢，但一开始还不能飞，不过可以在地面快速跑动和躲藏。倘若有天敌逼近巢，所有群体成员都会拼命地"鼠窜"：不再像平时那样跳跃，而是贴于地面跑动，尾下垂，同时发出吱吱的尖叫声。"鼠窜"之名便由此而来。这种行为非常有效，可以引开从蛇到人等多种入侵者对巢的注意力。

雏鸟离巢后数周内仍由成鸟喂食。细尾鹩莺在一个繁殖期会营巢育雏数窝，当繁殖雌鸟开始育第2（或第3）窝雏时，群体中不繁殖的成员便会接过之前那窝雏鸟的抚养工作。在繁雌鸟产卵。尽管在某些群体中，年长的雄鸟会使雌鸟的部分卵受精，但令人诧异的是，有很大比例的卵的"父亲"为其他雄鸟，并且常常来自群体之外。经过详细的研究并辅以无线电遥测技术，发现事实上是由雌鸟挑选伴侣，在繁殖期雌鸟于日出前外出寻觅交配对象。

在绝大多数种类中，雌鸟包办筑

↗ 辉蓝细尾鹩莺常被认为是澳大利亚最引人注目的鸟。图中为一只黑背亚种，见于东南部。

↗ 在澳大利亚东南部，3只华丽细尾鹩莺雏鸟依偎在草丛中。华丽细尾鹩莺雏鸟出生10天后便离巢，但之后数周内仍由成鸟喂食。

殖期后半阶段，先孵化的那窝雏鸟会帮助亲鸟照顾它们的弟妹们，这些鸟似乎从小便开始养成了"协助"这一习性。

● **未来在公园和花园？**

当年欧洲移居者和随之而来的野猫和狐狸等外来动物对细尾鹩莺及其亲缘鸟的生存环境产生了重大影响，所幸的是其大多数种类存活了下来。目前只有2个种类为受胁种：白喉草鹩莺和马里帚尾鹩莺。另有4个种类——杂色细尾鹩莺、白肩细尾鹩莺、灰草鹩莺和帚尾鹩莺——有个别的种群为易危。

值得注意的是，该科的某些种类在城市郊区日益繁盛。尤其是华丽细尾鹩莺，在澳大利亚6个州的首府的公园和花园里已很常见，为当地人们的生活增添了生机和活力。

在过去的50年间，有3种新的草鹩莺得到了生物界的承认，它们分别是：灰草鹩莺、卡氏草鹩莺和短尾草鹩莺。此外，有1个种类（埃坎草鹩莺）在时隔85年后被重新发现，还有3个种类（多氏草鹩莺、白喉草鹩莺和黑草鹩莺）人们对它们有了更全面的了解。

吸蜜鸟和澳鸲

> 吸蜜鸟是大洋洲地区最繁盛的雀形目鸟,仅澳大利亚就有超过 70 个种类。它们扩散分布至多种类型的栖息地,从红树林、雨林到次高山林和半干旱林地等。

在大洋洲的许多地方,吸蜜鸟都是那里种类数量最多的鸟,在方圆1公顷内可有多达十多种吸蜜鸟。这些食植物花蜜和富含碳水化合物的无脊椎动物渗出物的鸟,形成了多种群居模式,既有简单的单配结偶形式,也有迄今为止世界上最复杂的鸟类群居模式之一。

● 巧舌如簧

所有吸蜜鸟都有伸缩自如的长舌,舌尖如刷子,用以从花中吸取花蜜。它们是重要的授粉鸟,其中有许多种类可能与某些植物共同进化。

总体而言,吸蜜鸟身材细长,呈流线型,翅长而尖,飞行成波状。但种类之间在体型和习性方面差异很大。它们身体结实,腿强健,爪锋利,能够在花枝间自如穿梭攀爬,有时还可倒挂其上。许多种类的喙长而下弯,尖端锐利,喙形因具体食物不同而各异。大部分种类色彩单调,但少数着色鲜艳,类似它们在非洲和亚洲的对应鸟类太阳鸟以及美洲的对应

↗ 当各种植物开花时,吸蜜鸟便出动食蜜。图中一只绯红摄蜜鸟雄鸟正停在一棵红千层上面。

鸟类蜂鸟。几乎所有种类都有彩色皮肤的裸斑,小至嘴裂处的条纹、眼圈、眼斑,大至颜色鲜艳的脸部裸斑。在多数种类中,两性相似,不过雄鸟通常大于雌鸟。少数种类呈明显的性二态,幼鸟的体羽与雌性成鸟相似,如白肩黑吸蜜鸟;或雏鸟在会飞

后出现性分化，如月斑澳蜜鸟。

澳鸲也有如刷子的舌头，但几乎全为食虫类。与大部分吸蜜鸟不同的是，澳鸲为地面觅食者，并且全部呈现性二态。有3个种类的雄鸟具有鲜艳夺目的红色或橙色体羽。幼鸟的羽色与雌性成鸟相近。

● 见于西南太平洋

吸蜜鸟生活在西南太平洋，以澳大利亚、新几内亚岛、印度尼西亚、新西兰和美国夏威夷为中心。而澳鸲仅限于澳大利亚。

吸蜜鸟40个属中有14属仅包含1个种类，10个属各自只有2个种类。少数属所含种类较多，如澳洲吸蜜鸟属和吸蜜鸟属分别有20种和13种。而摄蜜鸟属是分布最广的属，西起苏拉威西岛的西部，北至密克罗尼西亚，东至斐济。吮蜜鸟属的吮蜜鸟类和岩吸蜜鸟属的岩吸蜜鸟类都见于澳大利亚。

分子研究证实，澳鸲类（过去为澳鸲科）和麦氏极乐鸟实际上属于吸蜜鸟科，而食蜜鸟属的食蜜鸟类则不是真正的吸蜜鸟。此外，过去被视为吸蜜鸟的2个塞班种类笠原吸蜜鸟和金绣眼鸟事实上为绣眼鸟（绣眼鸟科）。

● 食蜜等级

只要有花蜜可得，所有吸蜜鸟

知识档案

吸蜜鸟和澳鸲

目 雀形目

科 吸蜜鸟科（包括澳鸲亚科）

42属182种。吸蜜鸟有40属177种，属、种包括：蓝脸吸蜜鸟、矿吸蜜鸟、缝叶吸蜜鸟、西尖嘴吸蜜鸟、垂蜜鸟类等；澳鸲亚科的澳鸲包括2属5种：绯红澳鸲、橙澳鸲、白额澳鸲、黄澳鸲、鸲漠澳鸲。

分布 西南太平洋，主要集中在澳大利亚、新几内亚岛、印度尼西亚、新西兰和夏威夷。澳鸲仅限于澳大利亚。

栖息地 吸蜜鸟见于除开阔干旱地带和草地外的各种栖息地；澳鸲栖于开阔的灌丛、干旱林地、沙漠、水域边缘附近。

体型 体长：吸蜜鸟8~48厘米，澳鸲10~13厘米；体重：吸蜜鸟6.5~150克，澳鸲10~11克。

体羽 大部分种类为绿色、灰色或褐色，有些种类带有黑色、白色或黄色斑纹。澳鸲为红色、黄色或黑白相间，雄鸟着色比雌鸟醒目。

鸣声 小型吸蜜鸟种类的鸣声通常悦耳，较大种类声音沙哑。澳鸲的联络鸣声带有刺耳的鼻音，啁啾声富有攻击性，会发出音很高的口哨声。

巢 杯形巢。澳鸲的巢筑于地面或近地面处的灌丛中。

卵 吸蜜鸟的窝卵数1~5枚（平均为2枚）；白色、粉色或浅黄色，有红棕色斑点。孵化期12~17天，雏鸟留巢期10~30天。澳鸲的窝卵数通常为3~4枚；白色或粉白色，带红棕色斑点。

食物 吸蜜鸟以无脊椎动物、花蜜和其他含糖分泌物为主，有时也食果实。澳鸲则从地面获取昆虫。

都会食之。而同时,大部分种类也会食无脊椎动物。各个种类对花蜜或昆虫的依赖性差异很大,不过所有吸蜜鸟都会摄取部分昆虫来补充花蜜所不含的营养成分,有些种类甚至几乎完全为食虫类。它们获取昆虫和蜘蛛的方式有多种,如在叶簇中啄取、从树皮下掘取及在空中飞捕。许多种类也会从除花蜜以外的其他食源中摄取碳水化合物,如虫蜜(某些木虱若虫体表分泌的一种含糖物质)、木蜜(桉树的叶分泌的黏性物质)和蜜露(木虱和介壳虫的分泌物)。在雨林,果实也会成为吸蜜鸟(如吸蜜鸟属的种类)的一大食物来源。彩蚊蜜鸟则几乎完全以果实为食。

生态学家通常将吸蜜鸟分为长喙类和短喙类。中小体型的种类(如抚蜜鸟属和矿吸蜜鸟属的种类)其喙短而直,主要为食虫类。相反,长喙类更多地食花蜜。其中,尖嘴吸蜜鸟类的喙长而弯,用以从管状花中食蜜。此外还有中等体型的澳蜜鸟类,为通化的食蜜鸟,觅食对象包括多种植物的花;另有垂蜜鸟类,它们偏爱桉树和山龙眼的花。

相互之间会争夺花蜜资源的数种长喙类的吸蜜鸟何以能生活在同一片区域呢?答案在于较小种类和富有攻击性的较大种类之间存在一种高效的平衡。较大种类,如垂蜜鸟类,会毫不客气地将其他吸蜜鸟排除在花蜜最丰富的花丛之外,却不能独霸大片区域内所有的花。这一局限性使较小种类仍得以从蜜源相对匮乏的花中获得足够的蜜,从而实现共存。而多个种类的共领域性集中体现在以食昆虫为主的吸蜜鸟中,如矿吸蜜鸟类,它们会齐心协力维护共同的领域,几乎禁止其他任何鸟类入侵,从而在它们的群居地形成一种垄断。

吸蜜鸟的迁移与它们主食的植物开花模式有关。有些植物定期开花,另有许多植物则取决于不可预知的降雨。少数吸蜜鸟能够紧扣富有规律的开花模式,每年进行大范围的迁徙。如澳大利亚东南部的黄脸吸蜜鸟和白枕吸蜜鸟每逢南半球的秋季会定期往北迁徙,后于次年春季返回。虽然有些个体留在南部过冬,但这些种类在南半球的夏季更倾向于留鸟和候鸟混合在一起生活。一些栖于干旱地带的吸蜜鸟和澳鸥,如黑吸蜜鸟和绯红澳鸥,会随着降雨模式及由此而来的花蜜和昆虫的大量出现而同样做大范围但无规律的迁移。有许多吸蜜鸟很可能就在方圆100千米的局部地区跟随当地的开花时节活动。还有不少种类,如矿吸蜜鸟,常年仅在面积不足1公顷的巢域内活动。

吸蜜鸟和澳䳍的代表种类
1.黄垂蜜鸟；2.王吸蜜鸟；3.蓝脸吸蜜鸟；4.西尖嘴吸蜜鸟；5.绯红澳䳍。

● 群居地的"骚动"

大部分吸蜜鸟和澳䳍应当都是单配制，群居。对一些种类的后代进行基因检测发现，绝大多数为单配繁殖。一雄多雌的新西兰缝叶吸蜜鸟则为例外。而另一种性二态的吸蜜鸟月斑澳蜜鸟的交配机制中也存在大量配偶外繁殖的现象。

吸蜜鸟有时会同时捍卫觅食领域

和繁殖领域均不受同种成员或其他种类的入侵。觅食领域可能仅限于某棵开花的树的一部分，而时间也只限于产生花蜜的那一段时间。有些种类的配偶只在繁殖时才建立和维护领域，平时成松散的群体觅食，或者如黄脸吸蜜鸟，组成混合种类的觅食群体。其他种类，如矿吸蜜鸟，则全年维护它们的领域。配偶的领域可能很分散，如白耳汲蜜鸟；可能与邻近配偶的领域疏远相连，如盔吮蜜鸟；也可能紧密相连，并共同维护群居地，如矿吸蜜鸟。

吸蜜鸟和澳鸥的繁殖期很长，许多种类可育一窝以上的雏。大部分筑杯形巢，目前已知的只有2种吸蜜鸟筑圆顶巢，以及缝叶吸蜜鸟和考岛吸蜜鸟属中至少有1个种类营巢于树洞中。窝卵数1~5枚，通常为2枚。在多数种类中，雌鸟单独孵卵，不过有些种类亲鸟双方共同孵卵育雏。在矿吸蜜鸟属种类中，经常有"协助者"帮助亲鸟照顾后代；而在抚蜜鸟属、蓝脸吸蜜鸟属和澳洲吸蜜鸟属种类中，则仅仅偶有协助者。吸蜜鸟具有典型的雀形目鸟换羽模式，即在繁殖期结束后换羽。

具繁殖群居地的吸蜜鸟（如矿吸蜜鸟类）以及领域松散相邻的种类（如黄翅澳蜜鸟）有时会出现复杂的集体炫耀现象，被称为"骚动"。10多只鸟聚集在一起，拍动它们半张的翅膀，相互之间或对着某只特定的鸟反复鸣叫。这种行为似乎是发生在有入侵者或新的个体进入邻鸟的领域之际。

● 岛屿种类面临威胁

在吸蜜鸟中，分布仅限于海岛的种类形势最为严峻。在夏威夷曾经至少有5种吸蜜鸟生存着，但其中3种（髯吸蜜鸟和考岛吸蜜鸟属的2个种类）已灭绝，其余2种——考岛吸蜜鸟和毕氏吸蜜鸟——似乎自20世纪90年代起也销声匿迹。缝叶吸蜜鸟在1885年前后从新西兰的主岛上消失，如今这种鸟的天然种群仅限于豪拉基湾的小屏障岛，在其他几个小岛上则为人工引入的种群。许多华莱西区域内的吸蜜鸟种类都只分布在单个岛屿上，如斯兰岛、布鲁岛和韦塔岛，对这些种类而言，因森林退化而导致的栖息地破坏构成了日益严重的威胁。在澳大利亚大陆，王吸蜜鸟、红脸裸吸蜜鸟和黑耳矿吸蜜鸟则因农业发展而导致它们的森林和林地栖息地遭受重创。这3个种类目前均被列为濒危种，人们正在开展恢复性工作，保护和扩大它们剩余的栖息地，通过人工繁殖来增加数量，以及将人工繁殖的个体放回过去的分布地，在与之前不同的地区建立种群。

园丁鸟

> 许多鸟类学家都认为园丁鸟是迄今为止鸟类界行为最复杂、最吸引人的鸟。很多种类的雄鸟不但会筑造复杂精致的"求偶亭",用各种各样(通常都是色彩斑斓)的物件如果实、浆果、真菌、锡箔和塑料等来加以装饰,而且有些还能用嘴衔着"漆刷"给它们涂上天然色素。

园丁鸟身材结实,脚爪强健,喙粗厚,体型介于椋鸟和小型鸦之间。科内园丁鸟属的3个种类为单配制,具领域性;其余17种据悉或据推测为一雄多雌制。一雄多雌种类的雄鸟负责搭建"求偶亭",这一充满智慧和美感的行为使它们长期以来为世人所津津乐道。事实上,近来证实园丁鸟确实比分布在同一动物地理区、生态环境相似、同等体型的其他鸣禽拥有相对更大的脑,并且筑求偶亭的园丁鸟种类的脑比不筑亭种类的脑大。

园丁鸟的求偶亭结构非常复杂,

↗一只头顶有醒目的黄色冠羽的雄阿氏园丁鸟
这种见于新几内亚岛高地、筑"五月柱"的鸟,正受到来自森林砍伐的威胁。

装饰很有"品位",以至于早期的欧洲移民者根本不相信这是鸟筑的。新几内亚岛人对园丁鸟的勤勉和"艺术才华"非常欣赏,将它们的行为比做男子娶妻的贵重"彩礼"。不过,雄鸟所筑的求偶亭与营巢无关,后者完全是雌鸟的事。

● 建筑大师

最大的园丁鸟为大亭鸟,最小的是金亭鸟,后者比前者轻、小30%~40%。在同一种类中,雄鸟通常比雌鸟重而大,但金亭鸟和辉亭鸟属的种类例外。

全科有多达50~60种不同的体羽模式,因为20个种类中绝大部分既有幼鸟体羽模式又有雄性成鸟模式与雌性成鸟模式,有些种类甚至还有雄性亚成鸟模式。单配制的园丁鸟属种类为性单态,而一雄多雌制的种类基本为不同程度的性二态。园丁鸟属种类两性相似,通体绿色,在胸、翅、

知识档案

园丁鸟

目 雀形目
科 园丁鸟科

8属20种：贝氏辉亭鸟、辉亭鸟、黄头辉亭鸟、阿氏园丁鸟、桑氏园丁鸟、浅黄胸大亭鸟、大亭鸟、黄胸大亭鸟、斑大亭鸟、西大亭鸟、金亭鸟、冠园丁鸟、纹园丁鸟、褐色园丁鸟、黄额园丁鸟、缎蓝园丁鸟、齿嘴园丁鸟、绿园丁鸟、斑园丁鸟、白耳园丁鸟。

分布 新几内亚岛、澳大利亚。

栖息地 热带、温带和山区的雨林，河边林地和稀树林地，岩石峡谷，草地，干旱地带。

体型 体长为21~38厘米，体重70~230克。一般雄鸟大于雌鸟，但金亭鸟和三种辉亭鸟雄鸟略小。

体羽 有9个种类的体羽以褐色、灰色或绿色等保护色为主。其余种类的雄鸟为鲜艳的黄色、红色和蓝色，具黄色或橙色的冠；雌鸟为暗淡的褐色、灰色或绿色，腹部有横斑。

鸣声 善模仿其他鸟类和动物的叫声及机械声响。鸣声为刺耳的颤音和似猫叫的哀号声。

巢 大型的露天碗状或杯状结构，巢材为树枝、树叶和植物卷须，筑于树杈、藤蔓、槲寄生灌木或树缝（金亭鸟）里。

卵 窝卵数1~2枚，少数情况下为3枚；白色至浅黄色，有斑纹或虫迹形，主要集中在大的一端。孵化期21~27天，雏鸟留巢期17~30天。

食物 果实、昆虫、其他无脊椎动物、蜥蜴和其他鸟的幼雏。

尾、头、喉部位带斑点。一雄多雌的齿嘴园丁鸟两性也相似，为上体黄褐色、下体灰白色且有大量褐色条纹。其他林栖性一雄多雌种类的雄鸟则色彩缤纷：有闪烁着金色、橙色和黑色光芒的，如辉亭鸟、贝氏辉亭鸟、黄头辉亭鸟和阿氏园丁鸟；有呈蓝黑色的，如有名的缎蓝园丁鸟；有呈夺目的金黄色和橄榄色的，如金亭鸟；也有全身褐色但冠为对比鲜明的橙色或黄色的，如褐园丁鸟属的大部分种类。居于草地和干旱林地的斑大亭鸟、大亭鸟、浅黄胸大亭鸟和黄胸大亭鸟则浑身为暗淡的灰色或淡褐色，小簇的项羽呈粉色。一雄多雌制种类的雌鸟体羽模式具隐蔽性，多斑纹，常为横斑或点斑，羽色暗淡，主要为褐色、橄榄色或绿色。幼鸟和未成鸟的体羽模式一般与雌性成鸟相似。

一旦能长成成鸟，那么园丁鸟的平均预期寿命会相当长，一些个体可存活20~30年。一雄多雌种类的雄鸟出生后需要7年才能长齐成鸟体羽。与一般鸣禽9~10枚次级飞羽不同的是，园丁鸟有11~14枚次级飞羽（包括第3列飞羽），而它们的泪腺（头颅的一部分，在眼眶附近）之大只有琴鸟（琴鸟科）能与之相比。

● 雨林居民

有10种园丁鸟仅生活在新几内亚岛，有8个种类只见于澳大利亚，还有

2个种类在这2个地区均有分布。大部分园丁鸟栖息于湿林中,其中阿氏园丁鸟(这种鸟于1940年才被发现)出现在海拔4000米以上的森林中。有几个种类的分布范围极为有限,如贝氏辉亭鸟只生活在巴布亚新几内亚岛的阿德尔贝特山脉,金亭鸟和齿嘴园丁鸟仅见于澳大利亚昆士兰北部热带地区阿瑟顿台地及周围900米以上的雨林中。有些种类,特别是新几内亚岛的辉亭鸟和澳大利亚的斑大亭鸟和大亭鸟,分布范围广泛而连续。而其他多数种类的分布区相当零碎。有15个种类栖息于热带湿林、山区雨林、雨林边缘地带、硬叶林,5个大亭鸟种类生活于河边林地、稀树林地、岩石峡谷、草地和半干旱地带。单配制的园丁鸟属的某个种类可能会与一个或多个一雄多雌制的种类同域分布。

↗ 园丁鸟是鸟类界的能工巧匠,雄鸟筑求偶亭来吸引异性进行交配,因此求偶亭是一只雄鸟是否适合繁殖的外在体现。大亭鸟会使用多种天然和人工物品来装饰它的亭,而当有雌鸟出现时,它还会竖起冠羽来炫耀。

● 以森林果实为食

绝大多数园丁鸟以食果实为主,但也会摄取花、花蜜、叶、节肢动物(主要为昆虫)和小型脊椎动物。无花果是澳大利亚园丁鸟属种类的主食。动物性食物对一雄多雌制种类的雏鸟而言非常重要,母鸟会喂以某种特定的动物(如蝉、甲虫、小蜥蜴或蝗虫)。与极乐鸟不同,园丁鸟不用脚爪来抓持或处理食物及其他东西,也不以回吐的方式给雏鸟喂食。园丁鸟属的种类会将果实储存在领域内,某些一雄多雌制种类的雄鸟则将果实储藏于求偶亭。

园丁鸟的喙基本上乃通化的杂食类的喙,结实、强健,而不像极乐鸟的喙那样特化。例外的是黄头辉亭鸟的喙细长,这明显是为了适应食花蜜的习性。而齿嘴园丁鸟的喙似隼的喙,适于食叶。这种鸟在冬季会食入大量的树叶,用它们结实而"具齿"的喙来撕裂叶和茎。它们的颌骨内表面有复杂结构,可咀嚼叶子,这在鸣禽中很罕见。辉亭鸟属、蓝园丁鸟属和大亭鸟属的一些种类在冬季会聚集成群,有可能入侵果园。缎蓝园丁鸟还会成群地在地面觅食草本植物。其他一雄多雌制的大部分种类似乎为定栖性,在冬季往往独居。

● 筑亭求偶

雄园丁鸟(园丁鸟属种类除外)通过清整场地、搭建和装饰求偶亭来吸引异性,并可能还用以向雄性对手示威。筑亭种类为一雄多雌制,雄鸟以鸣声和(或)绚丽的体羽吸引尽可能多的雌鸟来到它们的求偶亭,求偶亭对它们的成功繁殖具有举足轻重的意义。雌鸟在选择雄鸟时会辨别评估它们鸣叫的频率和强度、对求偶亭的呵护程度、亭本身的质量和(或)数量、亭的装饰以及它们的炫耀行为和体羽。最终,年长资深的雄鸟往往得到雌鸟的青睐,最有可能获得与多只雌鸟交配的机会。值得注意的是,色彩绚丽的种类其雄鸟只筑一般的求偶亭,而着色相对暗淡的雄鸟筑的亭则大而复杂。

求偶亭的选址往往需要符合一种或多种微环境特征。直至不久以前,人们一直认为一雄多雌制种类的雄鸟会形成集体炫耀的展姿场,相关的群体聚集在某些求偶亭炫耀。然而这

↗ 在昏暗的森林地面,覆以橙色和黄色鲜艳体羽的雄辉亭鸟显得格外醒目。和其他善炫耀的园丁鸟一样,这一种类搭建规模中等的"林荫道"式求偶亭。

样的推测只在齿嘴园丁鸟中得到了证实。雄齿嘴园丁鸟会在森林地面的落叶层清出一块求偶区域，铺上绿叶，叶子颜色较浅的一面朝上，然后几乎持续不停地鸣叫，吸引雌鸟前来。由于它们的求偶区域在栖息地中呈不均匀分布，于是在某些地区便产生了密集的炫耀群体，从而形成了展姿场。而对黄头辉亭鸟、缎蓝园丁鸟、浅黄胸大亭鸟、冠园丁鸟、阿氏园丁鸟和金亭鸟的研究发现，这些种类并不形成集体炫耀的展姿场，它们的求偶亭分布均匀。斑大亭鸟则会在某些栖息地形成展姿场。

求偶亭的亭址往往会使用数十年，雄性成鸟在这一点上表现出极大的忠诚度，如有些缎蓝园丁鸟的亭址已使用了长达50年时间。雄性未成鸟要当五六年的"学徒"，它们参观成鸟的求偶亭，然后搭建简单的"实习"亭来锻炼手艺。筑亭本领不是天生的，至少从对缎蓝园丁鸟的研究中可断定其很大程度上为后天习得。

在所研究的筑亭种类中，雄鸟仅维护求偶亭及周围区域，而雌鸟只维护它们的巢址。雌鸟会连续数年使用同一处巢址。巢通常是以粗树枝为框架、辅以干树叶和细枝筑成的碗状结构，里面衬以植物卷须和其他类似的柔软物质。冠园丁鸟和金亭鸟的巢平均离地面2米，而缎蓝园丁鸟和齿嘴园丁鸟的巢离地面达15米。

单配制的园丁鸟属种类常年维护它们的领域，配偶会生活在一起数年（如果不是终生的话）。雄鸟不筑巢、不孵卵、不看雏，但喂雏。

↗ 一只绿园丁鸟和它的后代
澳大利亚的园丁鸟属种类在它们碗状巢中间的衬材下面会铺上一层朽木或泥土，这在园丁鸟科中很罕见。

几 维

> 几维约 3000 万年前从新西兰进化而来。如今，这种奇异的鸟类正受到外来天敌的极大威胁，每年以约 6% 的速度减少。这个比例若以更直观的方式来表达，即几维的数量每 10 年便减少一半。

几维可谓将不会飞的特点发挥到了极致。它们的翅膀很小，趋于退化，且隐于体羽下。从外观看，尾巴完全消失。它们的不同寻常还表现在：雌鸟产的卵可达它自身体重的 1/4；而与其他大部分鸟类不一样的是，几维靠嗅觉而非视觉来觅食。

● **母鸡大小的地面穴居者**

几维的体型大小有如家养的母鸡，但躯体更细长，并且腿更粗壮有力。喙长而弯曲，喙尖有孔，可流通空气，用于在地面搜寻食物。其他鸟类有飞行肌着生的胸骨，但几维没有。其他大多数鸟类为了飞行时减轻体重，骨骼中空，而几维仅部分中空。虽然作为一种夜行性动物，几维的眼偏小，但它们的视力很好，足以保证它们在下层灌丛中快速穿行。

与同样不会飞的亲缘鸟鸸鹋、鸵鸟、美洲鸵相比，几维显得很小，很可能只是在没有哺乳动物的环境中才得以进化。新西兰群岛形成于 8000 万~1 亿年前，几维先于适应性强的陆地哺乳动物进化；而当后者出现时，一道海上

知识档案

几 维

目 无翼目
科 无翼科

几维属 3 种：大斑几维、小斑几维、褐几维。褐几维有 3 个亚种：斯图尔特岛褐几维、北岛褐几维、南岛褐几维。

分布 新西兰。

栖息地 森林和灌木丛。

体型 高 35 厘米（褐几维和大斑几维），25 厘米（小斑几维）；重 2.3 千克（大斑几维），2.2 千克（褐几维），1.2 千克（小斑几维）。在各种类中，雌鸟体型大，普遍比雄鸟重 20%。

体羽 褐几维有浅褐色和深褐色条纹，其他 2 种有浅灰色和深灰色带状纹。

鸣声 响亮、反复性的鸣叫，音尖。但雌褐几维例外，其鸣声为嘎嘎声。

巢 巢筑于茂密植被下的地洞内，中空，没有任何衬料或仅垫以少量树叶和腐殖土。

卵 窝卵数为 1~2 枚，白色，重 300~450 克。孵化期 65~85 天。

食物 无脊椎动物，如蠕虫、蜘蛛、甲虫等；植物性食物，尤其是种子和肉质果实。

屏障阻止了其登陆新西兰,从而使几维免受了竞争和掠食。此外,也有其他不会飞的鸟类(如恐鸟)也在新西兰进化,只是如今均已绝迹。

几维能够通过嗅觉来发现食物。它们用喙在森林的落叶层里搜寻,或戳入土壤深处,用喙尖夹住食物,然后猛地往回一拉,吞进咽喉。几维的各个种类主要以生活在土壤和落叶层中的无脊椎动物为食,尤其是蚯蚓及甲虫幼虫,同时也会食一些植物性食物,如果实。

● **夜行昼寝**

一对几维配偶的领域为20~100公顷。在这片区域内,它们会占用很多兽穴、掩体和洞穴。白天它们躲在那些地方休息,夜间出来觅食。它们的巢筑于稠密植被下的地洞或掩体内,

↗ 一只北岛褐几维在饮水

北岛褐几维这一亚种生活于偏僻地区,特别是北岛北部地区原生林和农田的混合地带。"新西兰几维恢复工程"发动了一项"巢—卵行动",即从鸟巢中取出卵,放入孵育器中进行孵化,以改善褐几维以及其他几维的生存状况。

基本没有衬材。一窝卵虽然只有一两枚,却是雌鸟倾力奉上的结晶之作。卵内丰富的营养不仅可以维持胚胎在漫长的孵化期(65~90天)内的生长发育,而且还为新孵化的雏鸟准备了一个卵黄囊,作为临时的食物供应源。卵产下后会搁上数日。一旦开始孵卵,对褐几维和小斑几维而言,那便是雄鸟的事;而大斑几维则是双方共同孵卵。但亲鸟是否负责育雏则颇为可疑,因为雏鸟出生不到1周便会离巢,单独去觅食。

在茂密的森林里,几维用鸣声来保持相互之间的联系,同时也用以维护领域。在相对较近的距离范围内,它们则用嗅觉以及出色的听觉(而不用视觉)来察觉同类。

● **"国徽"岌岌可危**

对新西兰人而言,几维一直以来都具有不同寻常的意义。过去,它为毛利人提供了食物来源和用以制作珍贵礼服的羽毛。今天,它被征集为非官方的国徽图案。然而,自从19世纪中叶欧洲移民开始定居新西兰后,几维的全部种类都遭受了重创。大片的土地被翻新用以耕作。欧洲人还带去了捕食几维的哺乳动物,如猫和鼬。此外,和之前的殖民者一道而来的狗也会袭击几维。

褐几维如今面临的最主要威胁

大斑几维生活在新西兰南岛崎岖的山区地带。这是该鸟最青睐的栖息地,在那里,它们很少受到侵犯,相对而言比较安全。那里现有约10000对大斑几维。

之一,是栖息地的许多土地被人类清整。斯图尔特岛上的种群状况尚好,但在北岛,现在已只剩2个上规模的种群。南岛的种群分布支离破碎,具体状况不明。热衷的捕杀队试图在土地得到清整前消灭当地的几维,幸运的是,那里的几维适应了被人类清整过的栖息地,同时也在个别活动范围内的大片森林保留地中生存了下来。

大斑几维在南岛西北部也只剩2个被孤立的种群,并常常遭到陷阱的伤害,虽然陷阱原本是用来诱捕外来引入的负鼠的。小斑几维目前也面临危险。若不是人们富有远见地将该种引入到位于库克海峡的卡皮蒂岛,小斑几维很可能会灭绝。如今卡皮蒂岛上的小斑几维超过了1000只,但当初在那里仅放生了5只。而那时岛上的栖息环境相当恶劣,因此,放生所取得的成功显得越发不同寻常。

人们正在试图通过人工饲养来繁殖这一种类,一方面可以更好地研究它们的繁殖生物学,另一方面可以将更多的小斑几维放生到其他岛上去。人们曾对卡皮蒂岛上小斑几维的基本栖息条件、食物和繁殖情况进行了调查,为进一步建立该种的种群寻找合适的地点。

结果,在20世纪80年代,人们将小斑几维引渡到了母鸡岛、长岛和红水星岛,此后又在90年代将其引入提里提里玛塔基岛。

啄羊鹦鹉

> 与其他鹦鹉比起来，啄羊鹦鹉没有色彩斑斓的羽毛，而且生性调皮捣蛋，叫声粗哑刺耳，实在不是供认的玩赏类型的鹦鹉。它们生活在高山地区，已经进化出了一定的肉食倾向。

啄羊鹦鹉是新西兰南岛上的一种大型鹦鹉。生活在稀木灌丛中，体形大，羽毛丰厚，主要呈绿色，喙又粗又长。除了具有其他鹦鹉的食性外，主要食昆虫、螃蟹、腐肉。但也经常攻击羊群，甚至跳到绵羊背上，它那强健的喙可以把羊的皮肉啄穿，吞食羊身上的脂肪并啄食羊肉，弄得活羊鲜血淋淋，所以当地的新西兰牧民称其为啄羊鹦鹉。

● 鹦鹉变成"羊杀手"

现存的啄羊鹦鹉属共有2种鹦鹉：啄羊鹦鹉体为橄榄绿色，每片羽毛均带有黑色滚边；头顶和颈部为黄绿色，每片羽毛中均带有深色的放射状条纹；眼睛下方和后方分别有一块深棕色的羽毛；胸部和腹部为浅棕绿色；背部下方为橘红色，每片羽毛尖端均带有黑棕色；翅膀内侧覆羽为橘红色；内侧飞行羽带有黄色条状；尾羽蓝绿色，尖端黑色，每片羽毛中间均带有橙黄色；鸟喙细长弯曲为灰棕色；虹膜深棕色。母鸟的鸟喙比较短且没有像公鸟那样弯曲。幼鸟和成鸟体色相同，眼睛外圈带有黄色，蜡膜和上鸟喙底色为黄棕色，幼鸟需要18个月才能长成像成鸟般的羽色。啄羊鹦鹉体长46~50厘米，雄鸟体920克，雌鸟体重800克。寿命14年。

还有一种是卡卡鹦鹉，它是啄羊鹦鹉的表亲，外表和啄羊鹦鹉非常相似，鸟体主要呈棕绿色；前额、头顶、颈部为灰白色；有时候有些羽毛尖端带有深绿；颈部和腹部为红棕色，颈部后方偏深红色，边缘带有黄色和深棕色；胸部橄榄棕色；耳羽橘红色；臀部、尾巴上方和内侧覆羽为红色，并带有深棕色的滚边；翅膀内侧覆羽和飞行羽内侧为深红色；尾巴棕色，尖端浅色；鸟喙灰棕色；虹膜深棕色。卡卡鹦鹉体长45厘米，体重550克，寿命20年。由于它们体型硕大，动作并不灵活，加上对人类戒心不强，因此一直以来都是毛利人最重要的食物来源，也是该物种濒临灭绝的主要原因。

啄羊鹦鹉有着强烈的好奇心，看到任何一样新东西都要设法弄个明白，因此它们便在当地的居民中留下了爱找麻烦的不好名声。虽然它的体型仅有乌鸦一样大小，却时常撕碎当地运木工人的睡袋，在大篷车顶上吵闹，或者用它长而锋利的弯嘴，弄开当地居民的家门和窗户，有时即使装有金属防护网，也很难防住它们的好奇心。在滑冰场附近，它们也被视为有害动物，因为它们嗜好从游客的小汽车上折下一些软部件，令到这里消遣的游客好不烦恼。在一些国家公园里，它们经常作为吸引游客的宠物而受到种种优惠，但这又害苦了公园里的工作人员。他们要想方设法地保护电视的天线，为了防止汽车的雨刷被它们叼走，还要把汽车停放在装有铁丝网的停车场内。

更为奇特的是，啄羊鹦鹉还经常袭击羊群，所以有"杀羊者"的称号。不过，据说啄羊鹦鹉最早只是啄食羊身上的寄生虫，由于一些偶然的机会，它将羊皮啄破，吃到了羊的肉，从而发现羊肉的味道更好吃，于是才逐渐改变了食性。

● **独特环境造就独特习性**

啄羊鹦鹉是新西兰境内特有的鸟

↗ 与其他种类的鹦鹉相比较，啄羊鹦鹉一身的橄榄绿实在算不上漂亮。

知识档案

啄羊鹦鹉
目 鹦形目
科 鹦鹉科

分布 澳大利亚和新西兰。
栖息地 森林、峡湾以及高山地区。
体型 体长46~50厘米，雄鸟体重约920克，雌鸟体重约800克。
体羽 棕绿色和橄榄绿色。
食性 以植物、昆虫、动物死尸、人类垃圾等为食。
繁殖 每年7月到隔年1月为繁殖季节，每次产下3~4枚卵。
寿命 14年。

种，主要栖息于新西兰山区森林以及亚高地灌木丛林区，介于300米到2000米的高地，是分布最高的鹦鹉。由于它们大多在地面上活动，用双脚跳跃式前进，动作滑稽逗趣，因此又被称为"高山上的小丑"。

因为栖息的环境相当险恶，加上食物有限，使得啄羊鹦鹉发展出独特的生活习性和个性。它们是社会性相当高的鸟种，平时居无定所，大多是四处游牧觅食；生性对任何新的事物都保持着高度的好奇心，必定会上前察看，这样的天性也有助于它们迅速地发现任何可以果腹的食物。啄羊鹦鹉主要以树叶、水果、浆果、草根、花蜜、昆虫、蠕虫、幼虫、动物死尸、营区的垃圾、人类给予的各式食物等为食。

啄羊鹦鹉是不折不扣的机会主义者。每年春天，它们都会在高山上挖掘雏菊类植物，以及搜寻雪堆四周和岩石夹缝中是否有新长出来的植物嫩芽或是小昆虫可以果腹。到了夏天，它们就在山上的矮树或是灌木丛间寻找水果或是浆果、种子和花朵等。到了秋天，它们大多会待在山毛榉林区中，觅食些嫩芽、树叶和坚果；但是到了冬天这个最严苛的时节，它们会寻找死去动物的遗骸，挖出最具能量的内脏和脂肪部分食用，以便熬过大自然最严酷的考验。

啄羊鹦鹉在繁殖季大多成对或是组成至多10只的小群体；到了秋天，幼鸟们会组成高达100只的族群。它们在野外主要的繁殖季为7月到隔年1月，会在岩石之间的缝隙、树木根部下方以及枯死树木的缝隙中筑巢，一次会产下3~4枚卵；孵化期为29天，幼鸟羽毛长成约需10周，幼鸟离巢独立后数周就应该和亲鸟分开。

● 已灭绝的诺幅克啄羊鹦鹉

诺幅克啄羊鹦鹉是一属已经灭绝了的啄羊鹦鹉。诺幅克啄羊鹦鹉仅分布在诺幅克岛和菲力普岛。诺幅克啄羊鹦鹉长相漂亮，羽色艳丽。它们体长38厘米，前额呈褐色，脖颈呈浅褐灰色，脸颊部分为橙黄色或浅红色，胸腹部为黄色，翅膀和尾羽以褐色为主。

18、19世纪，在欧洲探险家和殖民者们登上诺幅克岛之前，诺幅克啄羊鹦鹉在自然状态下生存和繁殖状态良好，种群数保持在一个相当高的水平上。但是欧洲殖民者登上了诺幅克岛之后，岛上生物原有的生活秩序和生存环境立即被破坏了，外来侵略者在岛上肆无忌惮、毫无理性的打猎活动，使得诺幅克啄羊鹦鹉的数量在短时间里急剧下降，并最终直接导致这一物种在野生状态下灭亡。1851年，最后一只诺幅克啄羊鹦鹉，在英国伦敦的鸟笼中死去，宣告它和它的同伴们在人类的打击下彻底失败了，同时也宣告了它和它的同伴们不得不退出了动物世界。

遗憾的是，截止到目前，人们对诺幅克啄羊鹦鹉生活习性的了解仍十分有限，仅仅知道它们可能喜欢居住在森林边缘的灌木地带，这样说的原因是因为有人曾经看见过它们在菲力普岛的岩石间觅食和嬉戏。人们对诺幅克啄羊鹦鹉的食物是什么并不清楚，据说可能是以芙蓉属植物为食。至于诺幅克啄羊鹦鹉的繁殖特性人们更是一无所知，唯一和繁殖有关的信息是有人曾经在它们的鸟窝中发现过4枚白色的蛋。对于诺幅克啄羊鹦鹉，现在唯一能确认的就是它们的性情非常温和，活泼开朗，非常适合笼养用以做观赏鸟。

↗ 从形态、栖息环境和食性上看，啄羊鹦鹉和鹰已经很接近了。

红耳鸭和绿棉凫

澳洲水生野鸭资源丰富，其中最具代表性的要数红耳鸭和绿棉凫。

● **大嘴巴红耳鸭**

红耳鸭为雁形目鸭科的鸟类。是一种中型水鸭，平时在浅水处张开喙来回摆动，利用喙端特殊的肉质垂瓣汲水，使水流过喙中的细薄片，从两侧排出，以滤食小生物。

红耳鸭身长36～45厘米，体重375克。这种棕色鸭子具有超一流的大喙和超短的尾巴，与其较小的体形似乎不相称。这也是该物种与其他鸭子不易混淆的主要标志。成鸭的头部有几块弧形的色区，头顶盖和脖子灰棕色；眼睛周围深褐色并延伸到后脖颈；虹膜周围是狭窄的圆形白环。眼睛后方有一小块粉红色的斑点羽毛，极像耳朵故名之；脸颊，颈部两侧和前胸是精致的细灰色；腹部白色，两翼有很多深棕色与白色相间的长斑纹；尾臀呈现淡黄色，顶端上方是棕色，尾巴覆羽黑褐色。

红耳鸭经常出没于湿润地区的靠

↗ 大嘴巴和短尾巴成为红耳鸭与其他鸭种的明显标志。

近水源的林地，特别喜欢浅池塘。通常是暂时在开阔的淡水或半咸水区域活动。主要是在内陆栖息的鸟类，在干旱严重的年份，为寻找水源也能够长途跋涉而到达沿海海岸。

红耳鸭是澳大利亚的特有物种。被列入《世界自然保护联盟》国际鸟类红皮书，2009年名录。它们大部分集中在墨累、维多利亚和新南威尔士州，定期南迁，至达令河盆地。也有少量的红耳鸭活动于澳大利亚南部和东部及东南部的沿海。这些游鸟在澳大利亚大陆随处可见，而在沿海地区偶尔出现，这和降水而形成的临时水域有关系。在干旱地区的中部和东部尤其如此。在塔斯马尼亚州北部地区和东部沿海则非常罕见。

红耳鸭通常生活集小群活动。然而，在一些鸟类活动集中的很重要的地区，它们也集大群，并且往往夹杂其他物种，特别是灰水鸭。红耳鸭寻找食物时，有时甚至将整个头部和脖子都伸进水去。在岸上逗留的时间很短暂，在岸边的树桩上栖息。

红耳鸭一年四季都可以繁殖，在有充足的降雨量的情况下。这是一夫一妻制的物种，其配偶关系可以持续完一个繁殖季节。它们往往营建一个较大的有顶覆盖的圆形巢，安在水边草丛中或树洞里，也利用其他水生物种的旧巢，譬如白骨顶、水鸡的巢。

知识档案

红耳鸭和绿棉凫
目 雁形目
科 鸭科

红耳鸭

分布 分布于澳大利亚、新西兰塔斯马尼亚及其附近的岛屿。**栖息地** 内陆湿润地区靠近水源的林地。**体型** 身长36～45厘米，体重375克。**体羽** 头部有几块弧形的色区，头顶盖和脖子灰棕色，眼睛周围深褐色并延伸到后脖颈。眼睛后方有一小块粉红色的斑点羽毛；脸颊、颈部两侧和前胸是细灰色；腹部白色，两翼有很多深棕色与白色相间的长斑纹；尾臀呈现淡黄色，顶端上方是棕色，尾巴覆羽黑褐色。**食性** 主要以浮游生物为食，也吃一些软体动物。**繁殖** 全年皆可繁殖，一次产卵5~8个。**寿命** 3~5年。

绿棉凫

分布 澳大利亚和新几内亚岛南部。**栖息地** 河流、湖泊和沼泽等湿地。**体型** 体长约33厘米。**体羽** 棕色。**食性** 杂食性，主要吃水生食物，也吃鱼。**繁殖** 5~8月繁殖，每窝产卵8~14枚。**寿命** 3~5年。

有时也强占另一个物种的巢，赶走主人并在其中产下自己的卵。几种鸟有时在同一个巢里产卵，曾经在一个树洞里发现有60枚卵。当条件合适，一般雌鸭会非常迅速地产下5~8枚卵，雌鸭仅孵卵26天。

● 绿棉凫——最小的鸭子

绿棉凫身长33厘米，是鸭科中体长最小的水鸭。头圆脚短，头顶有一

↗ 绿棉凫头圆脚短，头顶有一个黑帽，翅膀深绿色。

个黑帽，翅膀深绿色，下体布满黑白色扇形罗纹羽毛。雄鸭的颈部绿色，头部深暗，脸颊有白色大斑块，雌鸭有眼睑和白眼纹。鸭喙铁灰色很像鹅的喙。虹膜黑色。

它们栖息于生有茂密植物的河流、湖泊和沼泽地中。一般避免在地面上活动，常见在水中悬垂的树枝上栖息。绿棉凫一般不上岸活动，但有时爬到突出于水面的树桩或其他物体上。当受惊时能立刻从水上冲出飞起，起飞既快而灵活，不断发出"咯咯咯"的叫声。通常不高飞，两翅扇动幅度小，飞行距离不大，但飞行速度较快。主要在白天活动，夜晚多栖息于湖中或树枝上。

绿棉凫是杂食性动物。喜食稻谷、水生植物、也常潜入水中觅食小鱼、小虾和昆虫等。它们主要分布于热带澳大利亚和新几内亚岛南部。

绿棉凫繁殖期为5~8月，在繁殖开始前，一般以小群活动，繁殖期则成对。这些小水鸭一般在离水域不远的树洞里筑巢，也见营巢于房前樟树洞和池边柳树洞中，甚至在废弃的烟囱内营巢。当雌鸟在孵卵时，雄鸟便在巢附近警戒。孵化期15~16天。一年繁殖1~2窝。绿棉凫与红耳鸭一样被列入《世界自然保护联盟》国际鸟类红皮书，2009年名录。

澳大利亚海龙

说起海马对华人来说还有印象，但说起澳大利亚动物海龙就比较陌生了，它们生长在海底的海草中，成年海龙大约有40多厘米长，不仔细看还当它们是浮在水里的海草，但仔细一看会发现它们还真有些龙的形态。

海龙其实属于鱼类，也称杨枝鱼、管口鱼。它是一种硬骨鱼，动物学分类中归为一科——海龙科。全世界的海龙科约有150多种，亦有说200种。而草海龙和叶海龙则是澳洲特有的珍稀品种。

● 一等一伪装高手

澳大利亚海龙是一种与海马属近亲的海鱼。这些生物源自澳大利亚南部及西部海域，通常生活在较浅及和暖的海水。它们的名字源自它们的特性，也就是长得像叶子的凸形物体覆盖着它们的全身。这些凸起物并不带来使它们前进的推进力，而仅仅只是为了伪装。叶形海龙会从覆盖在脖子四周的胸鳍和尾部末端背后的背鳍获得行动的推进力。这些细小的鳍几乎完全透明并且很难看得清楚，因为它们每时每刻都在来回荡动使海龙得以前进，这样就使海龙看起来不过是飘动的海藻一样。

↗ 草海龙利用独特的前后摇摆的运动方式伪装成海藻的样子来躲避敌害。

知识档案

澳大利亚海龙
目 刺鱼目
科 海龙科

分布 澳洲海域。
栖息地 未受污染的海域。
体型 体长约45厘米。
食性 以浮游生物和磷虾为食。
繁殖 每年8月至次年3月为繁殖季节,雌性海龙一次产卵150~250个。
寿命 3年左右。

澳大利亚海龙的身体由骨质板组成,体长约45厘米,身体延伸出一株株像海藻叶瓣状的附肢,可以让草海龙伪装成海藻,安全地隐藏在海藻丛生、水流极慢、且未受污染的近海水域中栖息与觅食。海龙没有牙齿,它们的嘴像吸管一样,能把浮游生物与像小虾的海虱吸进肚子里。草海龙的大小与叶海龙差不多,不同的是草海龙有红色、紫色与黄色,有的胸上还有宝蓝色的条纹,身上和尾部的附肢也比叶海龙细少许多,外表比较接近海马。

草海龙一般分布于南澳大利亚新南威尔士的史提芬港到西澳大利亚州的杰洛顿之间,及塔斯马尼亚一带海域。草海龙主要栖息在隐蔽性较好的礁石和海藻丛生的浅海低温浪少水域,环境温度在10~12℃。栖息水域的一般深度为4~30米,但在50米深的水域也可以发现它的踪影。幼体的草海龙一般生活在较浅的水域,而成体草海龙则喜欢生活在10米以下的海域。

叶海龙生活在澳大利亚南部沿海相对寒冷的水域里。叶海龙长着一个"管状"嘴巴,有须有角,全身呈现金黄色,乍看起来既像海藻叶又像中国神话传说中的龙,故称为"叶海龙""海藻龙"。因其身上布满形态美丽的绿叶,游动起来,摇曳生姿,令人啧啧称绝,故又称之为"世界上最优雅的泳客"。叶海龙的栖息之地与草海龙类似。

● 繁殖中的"角色颠倒"

与同一家族的海马一样,海龙在孵育后代的过程中也往往存在"角色颠倒"的现象。海龙是由雄性海龙来完成怀孕过程的。

每年的8月和隔年的3月是海龙的繁殖季节。当一只雄性海龙和一只雌性海龙聚到一起进行交配时,它们会进行一场复杂而优美的求爱仪式,这种仪式被称作"镜舞"。这是一个令人震惊的优美过程,两只外形奇特而美丽的海龙在进行求爱仪式期间,它们会彼此模仿对方的每一个动作。求爱仪式结束后,怀孕的雌性海龙会将一定数量(一般是150~250个)的海龙卵排放在雄性海龙尾部的由两片皮褶成的育婴囊中,雌海龙在生产完后就离开了。这些卵在雄性海龙的尾部大约五个星期才孵化。

在繁殖期间,通常一只雄海龙可以孵两窝卵。小海龙一经孵化,就能看,能游泳,而且必须自己寻找食物独立生活,因为它的爸爸不担负照看幼海龙的义务。而小海龙要经过两年的生长才能成年。

由于澳大利亚南部浅海水域遭到严重的污染和海龙不易游动的身体使它经常保持静止不动的习性,以及极高的观赏价值,使得这一珍稀动物在生存境况艰难的情况下还遭到一些不法人士的大肆捕捉。虽然不像其他神秘海洋动物那样难觅踪影,但亲眼见到这种特殊海龙的人却变得越来越少了,草海龙已濒于灭绝。另外澳洲海龙从产卵、受精、孵化到存活其概率都很低,仅有5%,因此澳大利亚有关部门已将海龙列为重点保护珍稀动物。

↗ 叶海龙的身体由骨质板组成,并向四周延伸出一株株海藻叶一样的瓣状附肢。

水滴鱼

水滴鱼样子奇特,它们长着一双可憎的蓝眼睛,通体呈苍白色。由于没有肌肉,水滴鱼只能在水中随意漂浮。这个样子不禁让人联想到《绿野仙踪》中的西方女巫师,其略带"邪恶"的外表似乎让人感觉这种生物并不属于地球生物大家庭中的一员。

水滴鱼的学名叫软隐棘杜父鱼,是杜父鱼大家族中的其中一属。杜父鱼家族种类很多,大部分分布在北半球的淡水或咸水水域。不过水滴鱼却是杜父鱼中比较特别的一种,它们只生活在南半球澳大利亚的深海海域,体态也与一般杜父鱼有较大差别。

● 模样奇怪为哪般

水滴鱼是澳大利亚特有的生物,水滴鱼全身没有骨头和肌肉,全身成凝胶状。体态延长,头部宽大而向后渐细小。头部没有棱棘。脑颅上有发达的骨弓,骨弓上无骨棘。眼间宽阔,大于眼睛的直径。身体上没有鱼鳞。口大,上下颌有数列圆锥状齿。侧线退化,仅具20或20以下的侧线孔。皮肤松垮,腹鳍很小,背鳍通常连续,棘常隐于皮下。

目前水滴鱼生活澳大利亚和塔斯马尼亚沿岸,600~1200米的海底当中,由于很难达到水滴鱼的栖息地,所以很少被人类所发现。由于水滴鱼生活在深海,水的压力比海平面要高出数十倍,在这种环境下,鱼鳔很难有效地工作。为了保持浮力,水滴鱼浑身由密度比水略小的凝胶状物质构成,密度比水稍轻,这使得它能够漂在水上,也可以悬停在略高于海底的地方。缺乏肌肉对于水滴鱼来说也不是什么大问题,因为它主要靠吞食面前的可食用物质为生。平时趴在海底一动不动的水滴鱼,对于大嘴巴旁边

↗ 水滴鱼像一个憨憨的傻帽,非常丑。它们凝胶状的身体前部有一个超级大的鼻子。

↗ 鱼如其名，真的形似一滴水的样子。

水滴鱼本身不适于食用，不过因为生活在与更为美味的海洋生物（如蟹和龙虾）一样的海洋深度，也连带着成为牺牲品。澳大利亚东海岸的渔民在深海作业时，有时会将水滴鱼捕捞上岸。但通常会将其放归大海。然而由于海面和海底压力差过大，渔民将水滴鱼从海底拉向海面的过程中，压力差已经对水滴鱼形成致命伤害。

的食物是来者不拒。

另外，水滴鱼的孵化方式也与众不同，雌鱼把卵产到海底后便趴在鱼卵上一动不动，直到幼鱼孵出为止。

● 成为连带受害者

因为水滴鱼身体结构特殊，往往一捞上水面就塌了，看着就像一张哭丧的脸，被称为"全世界表情最忧伤"的鱼。这种海底怪鱼确实有理由郁闷：科学家警告称，由于深海捕捞作业，水滴鱼正遭受灭绝的威胁。

由于捕鱼活动大肆增加，水滴鱼被同其他鱼类一起捕捞上来。虽然

知识档案

水滴鱼
目 鲉形目
科 隐棘杜父鱼科

分布 澳大利亚海域。
栖息地 600米以下深海。
体型 体长约30厘米。
食性 以浮游生物为食。
繁殖 卵生。
寿命 未知。

澳洲肺鱼

> 澳洲肺鱼喜欢生活在水流平缓、草木丛生的河流、池塘中。夏季，池水极端缺乏氧气，其他鱼大量死亡，澳洲肺鱼却可用肺呼吸以维持生存。

被称作"活化石"的澳洲肺鱼是大约3亿年前与恐龙同时代的一种动物。这种神奇的鱼有肺，因此能呼吸。据认为它是人从鱼进化而来的一系列环节中非常重要的一环。但是随着人类对这种神奇的能用肺呼吸的鱼的了解越来越多时，科学家们发现这种鱼繁殖栖息的水域越来越少，面临着绝种的危险。

● 用肺呼吸的鱼

在非洲、美洲和澳大利亚的江河里，生长着一种介于鱼类和两栖类之间的珍奇动物，它叫肺鱼。肺鱼出现于4万年前的泥盆纪时期，它身上披着瓦状的鳞，背鳍、臀鳍和尾鳍都连在一起，并有构造最古老的"原鳍"，所谓原鳍与正常鱼鳍不同之处是一个肉柄状的东西。肺鱼的鳔的构造很像肺，可以进行气体交换，所以有人将肺鱼的鳔称为"原始肺"，肺鱼的名字也是由此而来的。肺鱼还有内鼻孔，它在水中用鳃呼吸，当河水干涸时，它们能钻进泥土里，用"肺"和内鼻孔呼吸。科学家们认为肺鱼是自然界中最先尝试的由水中转向陆地的动物。

澳洲肺鱼则是肺鱼中体型最大的一种，体长可达1米多。在肺鱼生活的河川里，有时可以听到一种"呼隆呼隆"的声响，其实这是肺鱼升出水面和从肺里呼出空气时发出的响声。它每隔40~50分钟就要升到水面上来呼吸1次。虽然肺鱼能用肺呼吸但它也能用鳃呼吸。澳洲肺鱼极不喜欢活动，经常趴在水底一动不动，偶尔到水面上吸一口气，而后慢慢地又游到底层

科学家发现人类手指或脚趾的基因与形成澳洲肺鱼鱼鳍的基因是一样的。

知识档案

澳洲肺鱼
目 角齿鱼目
科 角齿鱼科

分布 澳大利亚昆士兰。
栖息地 水流平缓、草木丛生的河流、池塘中。
体型 体长约125厘米,重达10千克。体呈长梭形,覆盖大而薄的圆鳞。
食性 幼鱼以丝状藻等为食,成鱼以软体动物、甲壳类、昆虫幼虫、蠕虫等为食。
繁殖 澳洲肺鱼产卵期很长,一般以9~10月为旺期。卵大,卵径6~7毫米,具胶质膜,无黏性。
寿命 寿命可高达100多年。

休息去了。有时渔民在捕捞别的鱼类时,碰到了澳洲肺鱼,就故意搅动河水,肺鱼仍然一动不动,又用木棍拨它的身体,这时它只是不高兴地把身体缓缓地向前游动一点,然后又停下来,所以,当地渔民把澳洲肺鱼又称"懒汉"鱼。

澳洲肺鱼是角齿鱼目角齿鱼科新角齿鱼属的一种,体长约125厘米,重达10千克。体呈长梭形,覆盖大而薄的圆鳞。胸鳍、腹鳍呈叶状,其肉质部分具鳞;背鳍、尾鳍、臀鳍相连为一。不过,其实澳洲肺鱼的个体大小、色泽的差异都很大,有的身上有斑纹,有的则没有,但没有两条肺鱼的斑纹是相同的。肺鱼身体上的斑纹对它们来说,就像识别指纹一样,可以辨识出各自身份。

对于绝大多数鱼类而言,鳔的作用主要在于帮助鱼上浮或下沉,增强平衡性,而呼吸则通过鳃来完成。而肺鱼的特别之处就在于,它不仅能通过鳃来呼吸,也能通过鳔来呼吸。这使得肺鱼可以在没有水的环境下,也能存活很长一段时间。

澳洲肺鱼的鳔很长,不成对,鳔内有两条纤维带,一背一腹将鳔分为左右两部分,并在两侧形成许多对称中隔,将鳔分隔成许多对称的小气室(肺泡)。它可以用鳃和鳔(肺)同时进行呼吸,也可以单独地使用肺或鳃呼吸。但澳洲肺鱼不能完全离开水而生活。

肺鱼的视力并不发达,但嗅觉灵敏,同时身体上会发出微弱的电流感应周围的生物,因此,对水中猎物的任何动作变化,它们都会做出灵敏的反应。成鱼主要以鱼类、软体动物、甲壳类、昆虫幼虫、蠕虫等为食。澳洲肺鱼的牙齿很特殊,呈两列大的厚板状,齿尖向前,肺鱼用它来咬碎水底动物的甲壳。

● **把卵产在淤泥中**

澳洲肺鱼产卵期很长,在自然环境中,它们会在每年的雨季进入繁殖季节,一般以9~10月为旺期。一般鱼类都是在水中产卵,而肺鱼则把卵产在泥巢中，肺鱼的巢实际上就是从淤泥里掘出的长约1米的小隧道。澳洲肺鱼的卵比较大，卵径可达6~7毫米，具有胶质膜，但无黏性。雌肺鱼把卵排出后，由雄肺鱼负责看护。为了使后代有良好的生存环境，雄肺鱼的腹鳍一到繁殖期时，就长出了许多富有微血管的细长的丝状突起，血液中的氧气通过这些丝状突起释放到水中去，以利卵子的正常发育。

肺鱼在幼鱼时期具有外鳃的生理特征，随着生长变化虽然还会保留下来，但已经逐渐变小、萎缩。幼鱼以丝状藻等为食，它们的成长速度是很快的。和肺鱼类其他现代种类的不同点是，澳洲肺鱼的幼鱼无外鳃，也无粘合器官。澳洲肺鱼的寿命可高达100多年。

● 远古留下的瑰宝

由于肺鱼的肉是粉红色的，因此大洋洲当地土著人捉到后常把它当作鲑鱼的一种，而且这种鱼一直是人们的盘中餐。情况一直持续到澳大利亚博物馆馆长克雷夫特对肺鱼的重新发现。一天当克雷夫特在吃晚餐时注意到盘子里的鲑鱼有一个肺。这是鱼进化到脊椎动物之间所遗失的一个重要环节的证据。

澳洲肺鱼曾在是3亿年前的古代

↗ 澳洲肺鱼喜欢在水浅，水草多以及安静的池塘里产卵觅食。

离水生活4年不死

现代的大洋洲肺鱼就是角齿鱼的直接后裔。非洲的肺鱼和南美洲的肺鱼则是从肺鱼亚纲进化主干分化出去的旁支。非洲肺鱼的偶鳍退化成又长又细的鞭状，而南美洲的肺鱼偶鳍也显著缩小，成为相当小的附肢。

美洲肺鱼与非洲、澳大利亚洲肺鱼一样具有最原始、古老的生理构造特点。大部分骨骼终身是软骨，但保留着发育很好包以厚鞘的脊索，肺内是螺旋瓣，这一点它和软骨鱼类很相近。

非洲的肺鱼和南美洲的肺鱼在它们栖息的河流完全干涸后还能够生存。当旱季来临时，这些肺鱼就钻进泥里并把自己包裹起来，只留下一到数个小孔与外界通气，以使自己能够进行呼吸。非洲人用土盖起来的房子里面可能带有肺鱼，在休眠状态下，肺鱼能存活达4年之久。与大洋洲肺鱼不同的是，这两种肺鱼都有一对肺。

非洲肺鱼是在四亿年前已广泛分布在非洲的淡水沼泽地带和河川里的一种极原始的鱼类。当雨水充沛的时候，它可以用鳃痛快地呼吸；等到了干旱季节，沼泽地带干涸了，非洲肺鱼就要钻进烂泥堆里去睡觉。由于天气炎热，外面的泥堆早已被烘干，无形中成了一个泥洞，非洲肺鱼用嘴打开一个"小天窗"，然后自己又从皮肤上渗出一种黏液，使泥洞的壁变硬。它通过洞口，用肺呼吸外面的新鲜空气。它能在泥洞里不吃不喝地夏眠几个月，待到雨季来临，它又回到水中生活。如果条件恶化，肺鱼会自动进入休眠状态，为了一场大雨，肺鱼可以等待4年。在休眠期的最后日子，它甚至会消耗自己的肌肉作为能量，但是它们还能保持足够的体力回到水中。

非洲肺鱼的夏眠引起了科学家的兴趣，他们早就认为，夏眠动物或冬眠动物体内一定存在着一种能引起睡眠的激素。现在，科学家们已经从非洲肺鱼的脑组织中提取一种物质，并将这种物质引入实验用的老鼠体内，结果使它们很快地进入了睡眠状态。当这些老鼠醒来之后，精神仍然很好。科学家们已把这种动物睡眠激素应用到人类失眠者身上。非洲肺鱼生性好斗，只要两条肺鱼相遇，必然会有一条鱼的尾巴被咬断。冬眠时的肺鱼也不例外，有人从泥土中挖掘肺鱼时，竟被它咬伤了手指。

1835年，有人在亚马孙河流域的池沼和杂草丛生的浅水湖里看到过美洲肺鱼。这种鱼的背鳍、尾鳍和臀鳍愈合成一个总的鳍。这种鱼据说能发出猫叫的声音。每当干旱季节，肺鱼就躲进泥洞中，用肺进行呼吸。待雨季一开始它就从泥洞中爬出来，饱餐一顿，然后自己建巢，准备着生儿育女。美洲肺鱼的皮肤里可以散布着各种色素细胞，因此它们的体色是多种多样的，并能随着环境的变化而改变身体的颜色。

地球上大量繁殖，现在仍有少数保存着其种族特点而遗留下来。在水中，肺鱼的鳍能像脚一样支撑身体。它们还有一手绝活就是能用鳍在陆地上爬行10米。

肺鱼在软组织的构造、发育、生理和行为方面有许多性状与现生两栖类接近而不同于其他现生鱼类，例如美洲肺鱼具有以声门与食道相接的双肺，鳃及鳃部血管较退化，心脏具二

↗ 当水中的氧气不足时澳洲肺鱼就会用肺来呼吸，或者是当它非常活跃时，特别是当它产卵的时候需要更多的氧气时。在产卵的时候它会用肺呼吸并发出很响的噪音，这已是它产卵过程的一部分了。

心室，其一接受来自肺部的血液，动脉锥有瓣膜将来自肺部的血液与来自鳃部的血液分开。不久前，有些学者提出，肺鱼在具有会厌软骨、脑下垂体结构及其激素成分、晶状体蛋白、胆汁盐、鳃弓肌肉等方面亦与现生两栖类最为接近。

在对现生肺鱼与现生四足动物之间共同特征的进一步研究中，科学家发现了肺鱼不仅在进化生物学研究中的重要位置，而且为古生物学和进化生物学的理论与实践开辟新的研究天地。科学家在研究肺鱼骨头的形成时有了惊人的发现，肺鱼骨头的形成与人类早期四肢的形成很相像。离开身体最近的是一根骨头，然后是两根骨头，在骨头顶端有很多小分支，这些小分支再往外扩展就形成了我们所称的鳍，而鳍的骨头看上去像人类的手指或脚趾骨。

澳洲肺鱼是保护动物。科学家们发现这种鱼繁殖栖息的水域越来越少，它们目前面临着绝种的危险。2002年它被宣布为濒危鱼种。根据数据统计，目前澳大利亚境内的肺鱼数量已不足10000条。

澳洲蜘蛛

澳洲蜘蛛的种类很多,个体差异很大,最大个体是最小品种的上千倍,为蜘蛛之最。红背蜘蛛是澳洲特有的剧毒蜘蛛之一,个头小但毒性大,因其背部有一红色条斑而得名。漏斗蜘蛛,生活在澳大利亚悉尼市近郊。它被视为毒性最强的蜘蛛,其毒牙足以穿透人类的指甲。

澳洲的红背蜘蛛喜欢将网建在一面能面向阳光,另一面阴凉的地方,如屋檐下、阴沟开口的地方。和所有蜘蛛一样,它们是食肉动物,它们首先将被蛛网网住的动物蜇昏,然后将其肉分解成液体再吸食。大多数的漏斗蜘蛛都会将自己编制的不规则的网由自己的领地向四周延伸,而蛛网的中心则驻守着领地的主人。这些蛛网可以向主人传达各种信息,猎物落网、配偶来临,以及危险的来临。

红背蜘蛛和漏斗蜘蛛都是毒蜘蛛。每年都有被红背蜘蛛咬伤致命的案例传出。它们比较喜欢乡村或市郊草木比较繁茂的地方。与多数过着宁静生活的蜘蛛不同,漏斗蜘蛛极具侵略性,一旦受到打扰就会抬起后腿,并不断咬受害者。虽然雄蜘蛛的体型比雌蜘蛛小,但其毒液的毒性是雌蜘蛛的5倍。

● 红背蜘蛛"自食其类"

红背蜘蛛原名叫黑寡妇蜘蛛(另一种叫棺材蜘蛛)。红背蜘蛛一般以各种昆虫为食,不过偶尔它们也捕食

知识档案

澳洲蜘蛛
目 蜘蛛目
科 红背蜘蛛属于姬蛛科;漏斗蜘蛛属于六疣蜘科。

分布 澳大利亚。
栖息地 乡村或市郊草木茂盛的地方。
红背蜘蛛
雌性红背蜘蛛体长2~3厘米,雄性只有雌性的一半甚至更小。全身黑,背部有个红色印记。以昆虫、其他蜘蛛、多足类为食。交配后每25~30天产卵一次,一生可下5000个卵。雌红背蜘蛛寿命有2~3年,雄蜘蛛寿命只有6~7个月。

漏斗蜘蛛
漏斗蜘蛛是一种大型蜘蛛,体长1.5~4.5厘米不等,身上长有深棕色和黑色颜色相间的甲壳。一次产卵100个左右。腹部颜色通常是深的李子色,并且伴有黑色的过渡。雌蜘蛛能够活到10年或者更长,雄性蜘蛛在交配后的6到9个月后死亡。

了不起的动物世界

↗ 红背蜘蛛毒性很大，被它叮咬后，开始时很难被察觉，5分钟后伤口才开始发热发痛，3个小时左右开始大发作：大量失汗、肌肉无力、恶心、呕吐、耳鸣、心跳加速或不规则跳动、发烧、痉挛等症状，不及时处理可导致死亡。

虱子、马陆、蜈蚣和其他蜘蛛。当猎物缠在网上，黑寡妇蜘蛛就迅速从栖所出击，用坚韧的网将猎物稳妥地包裹住，然后刺穿猎物并将毒素注入。毒素10分钟左右起效，此间猎物始终由蜘蛛紧紧把持着。当猎物的活动停止，蜘蛛将消化酶注入伤口。随后黑寡妇蜘蛛将猎物带回栖所待用。

红背蜘蛛是典型的自食其类者：不但母蜘蛛在交配完后将公蜘蛛吃掉。在生活条件艰难，缺少食物时，它们更是自食其类。有时一窝小蜘蛛中成长的蜘蛛完全是靠食其同伴。

对于澳大利亚雄性红背蜘蛛来说，生命的全部就是性爱和死亡。假如它们幸运的话，还能成为雌性蜘蛛的一部分。那就是雌性红背蜘蛛会在与其交配后把它吃掉。但研究发现,83%的雄性红背蜘蛛在没有交配之前就死掉了。

雄性红背蜘蛛都希望自己能第一个与雌性红背蜘蛛进行交配,而且它还必须保证在寻找雌性的艰难路途中存活下来。所以，当雄性红背蜘蛛闻到有大量雌性红背蜘蛛在周围的时候,它会迅速地成熟,但当没有雌性蜘蛛出现的时候，它就会在那等候保存能量,为去更远的地方寻找异性伴侣做准备。雄性红背蜘蛛为了增加成功繁殖后代的机会,能够调节自己的成熟速度,而且这还要取决于它周围有多少雌性红背蜘蛛。

雌红背蜘蛛寿命在2~3年,雄红背蜘蛛为6~7个月。蜘蛛繁殖力非常强,雌蜘蛛在交配后,即储存了精液,在条件好的时候每25~30天生一次"蛋",一生可下5000个"蛋"。每窝小蜘蛛大约用12~14天孵化,并在一起生活大约14天左右,然后从肚部牵根丝,顺风飘荡,蛛丝的落地点就是它们的落脚点。它们在落脚点结网,开始新的生活。

雌性交配并保护它所需要的精子,但对雌性来说吃掉雄性除了营养之外就没有什么价值了。雌性红背蜘蛛是一台吞食机器,而且它吃任何东西都是为了繁殖后代。

雄性红背蜘蛛相对于雌性显得特别小,在重量上它们要比雌性轻100至200倍,因此,对于吃掉它们的雌性来说它们就只能算是一顿小吃,还算不上什么大餐。而对于雄性蜘蛛来说,在它不到8个月的生命里面,繁殖后代的机会只有20%,很多时候都变成了别人的小吃。假如一只雄性蜘蛛能有幸存活下来并找到一只雌性,那它一定会想尽一切办法来使自己能够与它进行成功配对。

当雄性蜘蛛在寻找雌性蜘蛛的时候,它既不喝水也不吃东西,而且为了吸引雌性它还要与其他雄性进行竞争。因为没有储存足够的能量,它很快就会崩溃,并会因为缺水和饥饿而死去。

● 最毒蜘蛛王

在毒王榜上,漏斗蜘蛛排名第6,被誉为毒性最强的蜘蛛。漏斗蜘蛛是一种大型蜘蛛,体长1.5厘米到4.5厘米不等,身上长有深棕色和黑色相间的甲壳。腹部颜色通常是深色的李子色,并且伴有黑色的过渡。

雄蛛的腹部会在第二对足的位置处明显变大,形成特有的尾部,并且尾部带有刺状物,这是澳洲毒属蜘蛛

↗ 人们被漏斗蜘蛛袭击的时候多发在夏季和秋季,因为这些时候正是雄蛛四处寻找雌蛛交配的时期。

的显著特点。可以看见喷丝口，眼睛是紧紧地排列在一起的。

漏斗蜘蛛喜欢藏身于阴暗、潮湿、凉爽的地方，如：岩石下面、腐烂的树叶堆下面、圆木的裂缝中、丛林背阴的角落里。然而，在花园里，它们只会栖息在假山的缝隙中，或者是厚厚的树叶堆之中，并不会在草坪这样开阔的地方看见它们的身影。

雨天时雨水有时会冲毁它们的栖息场所，这就会让雄蜘蛛们努力重建它们的家园，并且它们会更积极地做这件事情。因为漏斗蜘蛛的最大弱点是不能适应干燥的环境，这样一来，潮湿的环境会让它们感觉更舒服，更有活力。夜晚自然成了它们频繁活动的时间。不过在一年之中，人们修缮花园时总能看到漏斗蜘蛛的身影。

悉尼漏斗蜘蛛生活在从纽卡尔斯到诺拉一直向西到雷斯哥恩的新南威尔士地区。它们尤其喜欢森林峡谷地带，特别是巴伦盆地的中央地带，澳大利亚的豪恩斯贝高原以北，以及布鲁山脉以西，还有沃伦诺拉高原以南的区域。而在悉尼东部郊区以及鲍特内湾地区的沙地海湾，悉尼漏斗蜘蛛利用当地丰富的玄武岩及页岩所形成的沙粒来建造住所，因为这两种矿物质能够提供给它们相当湿润的环境。

雌蜘蛛几乎耗其一生在它的巢穴里，当然也有外出的时候，大多在夜里，雌蜘蛛会走出自己的巢穴猎取食物。雄性蜘蛛在成年后会离开自己的领地去找雌蜘蛛约会，特别是在夏秋两季最为频繁。雄性蜘蛛会花费它们几乎所有的成年期去尽可能多的和其他合适的雌性蜘蛛交配，它们从窗户的缝隙，从门缝里爬进人们的住所，四处寻觅交配的对象。于是这个季节中就成人与蜘蛛发生冲突的高峰期。

雄性漏斗蜘蛛会通过雌蜘蛛发出的性激素气味寻找雌性蜘蛛的隐蔽巢穴，在交配过程中，雄性蜘蛛要十分小心地避开雌蜘蛛第二对腿上的毒刺，把精管导入雌蜘蛛的受孕囊里，这是一个惊险的过程。

交配完毕后，雌蜘蛛会纺织出一种与打猎的网不同的蛛网——枕头型的网，里面会放置100多枚蛛卵。接着就会在孵卵期看护它们，要是有危险降临，雌蛛会拼命保护它的孩子。3个星期后，新的一代就会破壳而出，年幼的蜘蛛们会与母亲在巢穴里生活几个月，经过两次换毛之后，它们便离开母亲，自己寻找生活的场所，直到最终的换毛之后它们才成为成年蜘蛛，而雄蛛则会在成年后居无定所，四处寻找雌蛛交配。

漏斗蜘蛛需要2~4年才能长成成年蜘蛛，雌蛛能够活到10年或者更长一点儿，而雄性蜘蛛却只能在交配后的6~9个月后死亡。